# Teubner Studienbücher

## Biologie

Dzwillo: **Prinzipien der Evolution**
152 Seiten. DM 26,80

Françon: **Physik für Biologen, Chemiker und Geologen**
Band 1: 208 Seiten. DM 19,80
Band 2: 171 Seiten. DM 18,80

Röhler: **Biologische Kybernetik**
Regelungsvorgänge in Organismen. 180 Seiten. DM 22,80

Skrzipek: **Praktikum der Verhaltenskunde**
220 Seiten. DM 25,80

Vangerow: **Grundriß der Paläontologie**
132 Seiten. DM 18,80

## Physik

Bourne/Kendall: **Vektoranalysis**
227 Seiten. DM 19,80

Daniel: **Beschleuniger**
215 Seiten. DM 25,80

Großmann: **Mathematischer Einführungskurs für die Physik**
2. Aufl. 263 Seiten. DM 25,80

Heber/Weber: **Grundlagen der Quantenphysik**
Band 1: Quantenmechanik. VI, 158 Seiten. DM 18,80
Band 2: Quantenfeldtheorie. VI, 178 Seiten. DM 19,80

Kamke/Krämer: **Physikalische Grundlagen der Maßeinheiten**
Mit einem Anhang über Fehlerrechnung. 218 Seiten. DM 19,80

Kneubühl: **Repetitorium der Physik**
XVI, 632 Seiten. DM 29,–

Lautz: **Elektromagnetische Felder**
2. Aufl. 184 Seiten. DM 25,80

Lohrmann: **Hochenergiephysik**
196 Seiten. DM 26,80

Mayer-Kuckuk: **Atomphysik**
Eine Einführung. 232 Seiten. DM 26,80

Mayer-Kuckuk: **Physik der Atomkerne**
Eine Einführung. 2. Aufl. 288 Seiten. DM 25,80

Walcher: **Praktikum der Physik**
3. Aufl. 378 Seiten. DM 25,80

Wiesemann: **Einführung in die Gaselektronik**
Grundlagen der Elektrizitätsleitung in Gasen
282 Seiten. DM 25,80

Fortsetzung auf der 3. Umschlagseite

Teubner Studienbücher der Biologie

M. Dzwillo
Prinzipien der Evolution
— Phylogenetik und Systematik —

# Studienbücher der Biologie


Herausgegeben von
Prof. Dr. H. Stieve, Jülich, und Dr. E. Hildebrand, Jülich


Die Studienbücher der Reihe Biologie sollen in Form einzelner Bausteine grundlegende und weiterführende Themen aus allen Gebieten der Biologie umfassen. Daneben werden auch die übrigen Naturwissenschaften in einem Maße berücksichtigt, wie sie für den Umgang mit den Denk- und Arbeitsmethoden der Biologie notwendig erscheinen. Die Bände der Reihe sind wegen ihrer studienbezogenen Konzeption besonders zum Gebrauch neben Vorlesungen oder auch anstelle von Vorlesungen sowie zur Fortbildung der Lehrer geeignet. Für den Studierenden der Mathematik, Physik oder Chemie, der an biologischen Problemen interessiert ist, bietet die Reihe die Möglichkeit, sich an exemplarisch ausgewählten Themengruppen in die Biologie einführen zu lassen.

# Prinzipien der Evolution

## Phylogenetik und Systematik


Von Dr. rer. nat. Michael Dzwillo
Professor an der Universität Hamburg

Mit 39 Figuren


Springer Fachmedien Wiesbaden GmbH

Prof. Dr. rer. nat. Michael Dzwillo

Geboren 1930 in Berlin. Studium der Naturwissenschaften
in Hamburg. 1959 Promotion in Zoologie. Von 1959 bis
1963 wiss. Mitarbeiter in der Hydrobiologischen Abteilung
des Zoologischen Instituts und Zoologischen Museums der
Universität Hamburg. Seit 1963 Leiter der Abteilung
Niedere Tiere I desselben Instituts. 1968 Habilitation.
1971 Wiss. Rat u. Professor. Arbeitsgebiete: Phylogenetik
und Systematik (insbes. der Oligochaeta), Genetik (insbes.
Geschlechtsbestimmung).

CIP-Kurztitelaufnahme der Deutschen Bibliothek

**Dzwillo, Michael**
Prinzipien der Evolution : Phylogenetik u.
Systematik. — 1. Aufl. — Stuttgart : Teubner,
1978.
    Teubner-Studienbücher : Biologie
    ISBN 978-3-519-03601-2      ISBN 978-3-322-96708-4 (eBook)
    DOI 10.1007/978-3-322-96708-4



Satz: Coposatz, Seeheim 2


Umschlaggestaltung: W. Koch, Sindelfingen

# Vorwort der Herausgeber

Ähnlich wie die moderne Astronomie hat die Wissenschaft von der Evolution mit
traditionellen weltanschaulichen Vorstellungen zu kämpfen gehabt, und bis in unsere
Zeit war der Evolutionsgedanke Angriffen von außerhalb der Wissenschaft ausgesetzt.
Indes hat sich die Abstammungstheorie seit Darwin stetig durchgesetzt, und angesichts
der Fülle von Indizien und der Widerspruchsfreiheit der Theorie bestehen heute keine
begründeten Zweifel mehr an der Tatsache der biologischen Evolution.

War im 19. Jahrhundert das Bemühen der Phylogenetiker weitgehend auf die Suche
nach Beweisen für die Abstammungslehre gerichtet, so wandten sie sich in neuerer Zeit
immer stärker den Fragen nach der Kausalität der Evolution zu. Unsere heutige Vorstellung von den Mechanismen der Evolution ist das Ergebnis der Forschung und Zusammenarbeit vieler Disziplinen der Biologie. Dabei kommt der Genetik das Verdienst
zu, die Grundlagen für das Verständnis der erblichen Variabilität als einer notwendigen
Voraussetzung für die Evolution der Organismen geliefert zu haben. Die Evolutionstheorie liefert vice versa den Schlüssel zum Verständnis vieler biologischer Phänomene.
Sie hat dadurch eine wichtige integrierende Funktion zwischen den biologischen Teilgebieten. Über die Grenzen der Biologie hinaus beeinflußt die Evolutionslehre unser
Verständnis der menschlichen Existenz und das gegenwärtige Weltbild.

Die Phylogenetik, die den historischen Ablauf und die Gesetzmäßigkeiten der Evolution aufzudecken versucht, ist traditionell und methodisch eng verbunden mit der biologischen Systematik. Deren Bedeutung liegt primär in der Notwendigkeit einer Kata-
logisierung (Taxonomie) der Organismen. Die Systematik liefert ein Ordnungssystem,
welches aufgrund exakter Beschreibung eine Verständigung über die Vielfalt der Organismen erlaubt. Sie ist damit eine wichtige Voraussetzung insbesondere für die Ökologie
und Biogeographie. Der Physiologie, Ethologie und anderen Teildisziplinen liefert sie
die Grundlage für die Beurteilung des Versuchsmaterials und für eine generalisierende
Betrachtung innerhalb höherer systematischer Einheiten.

Methodisch unterscheiden sich Phylogenetik und Systematik von den meisten übrigen
Teilgebieten der Biologie. Die Evolution als einmaliger und nicht umkehrbarer Prozeß
ist — außer durch paläontologische Funde — nur aus dem Vergleich morphologischer
oder physiologischer Eigenschaften der rezenten Lebewesen zu erschließen. Eine
experimentelle Überprüfung ist allenfalls im Bereich der Mikroevolution (innerartliche
Veränderungen) möglich.

Die Systematik versucht seit langem, die verschiedenen Organismen nach Kriterien
äußerer Ähnlichkeiten zu ordnen. Bevor der Evolutionsgedanke aufkam, wurden
bereits hierarchische Klassifizierungen der Arten vorgenommen, welche ihre natürliche
Verwandtschaft mehr oder weniger gut darstellten. Die Abstammungslehre erst hat den
Grund gelegt für den Versuch, die Organismen in einem phylogenetischen System zu
ordnen, welches die Stammesentwicklung (Phylogenese) widerspiegelt. Seitem arbeiten Phylogenetik und Systematik in enger Wechselbeziehung. Neben morphologisch-
anatomischen Merkmalen werden zunehmend physiologische, ethologische, immuno-
logische und biochemische Methoden zur Bestimmung des Verwandtschaftsgrades her-

angezogen. Allerdings wird sich trotz aller Fortschritte in Richtung auf ein natürliches System der Organismen der Weg der Evolution wahrscheinlich niemals zweifelsfrei rekonstruieren lassen.

Das vorliegende Bändchen wurde vor allem für den fortgeschrittenen Studenten nach dem Vorexamen konzipiert. Dennoch sind für die Erarbeitung und das Verständnis des dargebotenen Stoffes außer einem grundlegenden Wissen in Allgemeiner Biologie keine besonderen Vorkenntnisse erforderlich. Die notwendigen Kenntnisse der Genetik werden kurz rekapituliert. Von Nutzen erscheint allerdings ein Überblick in systematischer Biologie, wie auch eine gewisse Artenkenntnis das Verständnis der angeführten Beispiele vertiefen kann. Im Gegensatz zu anderen Lehrbüchern der Evolution beschreibt dieses Buch eingehend die Problematik der Rekonstruktion von Stammbäumen. Wir meinen, daß dadurch der Studierende die Logik, die hinter der spröden systematischen Biologie steckt, leichter entdecken wird.

Das Buch ist in erster Linie zum Gebrauch neben einer entsprechenden Vorlesung oder anstelle einer solchen gedacht. Darüber hinaus könnte es im Rahmen der Kollegstufe Höherer Schulen zur Fortbildung und Vorbereitung des Lehrers nützlich sein.

Den Arbeitsgebieten des Autors entsprechend entstammen die angeführten Beispiele überwiegend dem Tierreich. Es sollte hervorgehoben werden, daß die dargestellten Gesetzmäßigkeiten der Evolution prinzipiell als für alle Lebewesen geltend angenommen werden, wenn auch einzelne Selektionsmechanismen, insbesondere bei ortsgebundenen Organismen, unterschiedlich zu bewerten sind. Die präbiotische, chemische Evolution (Biogenese), die außerhalb des Methodenspektrums des Phylogenetikers liegt, wird nur kurz behandelt.

Bestimmte Prinzipien der Evolution scheinen über den Bereich der Biologie hinaus allgemein gültig zu sein. Die Entwicklung der menschlichen Kultur läßt — beispielsweise im Bereich der Technik — oft die gleichen Gesetzmäßigkeiten erkennen, die für die Evolution der Organismen wirksam sind. Es ist lohnend und anregend, unsere zivilisierte Umwelt auf solche Parallelen hin zu beobachten.

Jülich, im Frühjahr 1978                                    H. Stieve und E. Hildebrand

# Vorwort des Verfassers

Die Anregung der Herausgeber der „Studienbücher der Biologie", für diese Reihe eine
Einführung in die Phylogenetik zu schreiben, habe ich gern aufgegriffen. Vorlesungen
über dieses Gebiet, die ich im Rahmen des Studienplans für Biologiestudenten an der
Universität Hamburg halte, konnten als Grundlage für dieses Buch dienen.

Die synthetische Evolutionstheorie faßt Ergebnisse unterschiedlicher Teilgebiete der
biologischen Wissenschaften zusammen. Der Versuch, heute ein Taschenbuch über die
Evolutionswissenschaft zu schreiben, das sowohl als Einführung dienen als auch einen
Überblick über alle wichtigen Fragen und Probleme geben soll, läßt sich nur durch
Beschränkung und Auswahl realisieren. Paläontologische Aspekte wurden relativ
kurz behandelt. Das in derselben Reihe erschienene Studienbuch „Grundriß der Paläontologie" von E.-F. Vangerow gibt eine Einführung in dieses Gebiet. Das Problem der
Evolution des Menschen wird im vorliegenden Studienbuch nicht behandelt, weil auch
zu dieser Thematik gute Darstellungen im Umfang der Studienbücher existieren. Besondere Berücksichtigung finden dagegen Aspekte der Systematik. Dieses Teilgebiet
der Biologie ist derart stark und vielfältig mit der Evolutionswissenschaft verflochten,
daß moderne systematische Forschung ohne phylogenetische Basis genauso wenig
denkbar ist wie die Begründung und Entwicklung der Evolutionstheorie ohne die Ergebnisse der systematischen Biologie. Die relativ ausführliche Behandlung der Stammesgeschichte der Tiere erscheint mir insofern notwendig zu sein, als vielen Lehrbüchern und Grundrissen der systematischen Zoologie jeweils bestimmte Konzepte der
Phylogenese der Tierstämme kommentarlos zugrunde gelegt werden. Beim Vergleich
solcher Bücher wird von Studenten häufig die Frage gestellt, welches dieser verschiedenen Systeme das „richtige" oder „gültige" sei.

Das Studienbuch ist so konzipiert, daß Grundkenntnisse der Biologie zum Verständnis
genügen sollten. Um die Benutzung des Buches als Ergänzung zu Vorlesungen über
Evolutionswissenschaft zu erleichtern, werden die verschiedenen Prinzipien und
Gesetzmäßigkeiten vorwiegend an Hand von geläufigen Beispielen erläutert. Zur
Illustration des Studienbuches wurde daher weitgehend auf anschauliche Vorlagen
aus anderen Lehrbüchern zurückgegriffen. Den betreffenden Autoren und Verlagen sei
für die Genehmigung zur Übernahme der Abbildungen gedankt. Mein besonderer Dank
gilt den Herausgebern der „Studienbücher der Biologie", Herrn Prof. Dr. Hennig Stieve
und Herrn Dr. Eilo Hildebrand, für ihre wertvollen Ratschläge und die kritische Durch-
sicht des Manuskripts.

Hamburg, im Mai 1978                                                     M. Dzwillo

# Inhalt

# 1 Einleitung

Als E v o l u t i o n  oder  P h y l o g e n e s e  wird der Prozeß der Wandlung und
Entwicklung der Organismen in der Generationenfolge bezeichnet. Die Abstammungs-
linien aller Lebewesen sind letzten Endes auf gemeinsame, ursprüngliche Vorfahren
zurückzuführen. Der Ausdruck Evolution wird vorwiegend verwendet, wenn von den
Gesetzmäßigkeiten und dem Ursachengefüge des Evolutionsprozesses die Rede ist,
beim Wort Phylogenese liegt die Betonung auf dem Ablauf von stammesgeschichtlichen Entwicklungslinien.

Der Teil der biologischen Wissenschaften, der sich mit der Evolution oder Phylogenese
beschäftigt, ist die  E v o l u t i o n s w i s s e n s c h a f t,  P h y l o g e n e t i k  oder
A b s t a m m u n g s l e h r e. Der Abstammungslehre liegt die von Darwin begründete
D e s z e n d e n z - oder E v o l u t i o n s t h e o r i e zugrunde. Diese Theorie ist
mit dem Fortschritt und Ausbau der Evolutionswissenschaft zur synthetischen Evolutionstheorie weiterentwickelt worden.

In das Erkenntnisgebäude der modernen Evolutionswissenschaft, der  E v o l u t i o n s -
b i o l o g i e,  sind einerseits Resultate der anderen biologischen Teildisziplinen einge-
gangen, andererseits sind diesen wiederum durch die Phylogenetik neue Aspekte und
Zielsetzungen eröffnet worden. Die Evolutionstheorie kann folglich als die zentrale
biologische Theorie angesehen werden. Sie hat nicht nur unser heutiges naturwissen-
schaftliches Weltbild entscheidend mitgestaltet, sondern wirkt darüber hinaus in weite
geistige und gesellschaftliche Bereiche hinein.

Die frühe Geschichte der Evolutionsforschung ist durch Spannungen und Konflikte
gekennzeichnet. In weltanschaulichen und religiösen Auseinandersetzungen wurde der
Evolutionsgedanke bekämpft bzw. als Waffe verwendet. Heute werden die naturwissen-
schaftlichen Aussagen der Abstammungslehre allgemein als Realitäten akzeptiert.

Die wichtigsten  T e i l g e b i e t e  d e r  E v o l u t i o n s w i s s e n s c h a f t  sind,
wie bereits angedeutet,

1. *die Erforschung des Ursachengefüges und der Gesetzmäßigkeiten der Evolution
(experimentelle Phylogenetik, Evolutionsforschung)*

und

2. *Die Aufklärung des historischen Ablaufs von Stammeslinien der verschiedenen
Organismen mit dem Ziel, einen phylogenetisch begründeten Stammbaum zu
konstruieren (historische Phylogenetik).*

Eine scharfe Abgrenzung dieser Teilgebiete gegeneinander ist nicht möglich. Auch aus
den Ergebnissen der historischen Phylogenetik werden Erkenntnisse gewonnen, die als
allgemeine Gesetzmäßigkeiten der (transspezifischen) Evolution formuliert werden
können.

## 2 Vorphylogenetische Klassifikation der Organismen

Die Lebewesen, die unsere Erde bevölkern, weisen eine große Mannigfaltigkeit auf.
Diese Mannigfaltigkeit betrifft alle Eigenschaften, die an einem Individuum festzustellen sind — seine H o l o m o r p h e. Also z.B. neben Eigenschaften der körperlichen
Struktur und Gestalt solche der Lebensweise und des Verhaltens, der Fortpflanzung
und Entwicklung, des Lebensraums und der Verbreitung. Beobachtung und Vergleich
lassen Gemeinsamkeiten und Unterschiede zwischen beobachteten Lebewesen erkennen. Das Erkennen von Gemeinsamkeiten hinsichtlich wesentlicher Eigenschaften
(„M e r k m a l e") führt zur Schaffung von Verallgemeinerungseinheiten und ihrer Benennung. Die basale Verallgemeinerungseinheit der Lebewesen ist die Art (s. Abschn. 9.1).

Die Vielfalt der Tier- und Pflanzenarten — heute sind ca. 1,5 Millionen Tier- und ca.
0,4 Millionen Pflanzenarten bekannt — führte dazu, daß ein Ordnungssystem weiterer
Verallgemeinerungseinheiten notwendig wurde. Unterscheidungskriterien früher Klassifikationssysteme spiegelten die Beziehungen des Menschen zu den Tieren und Pflanzen seiner Umgebung wider, z.B. Unterscheidung von genießbar und ungenießbar.
Die Unterscheidung von domestizierten und Wildtieren als „Klassifikationseinheiten"
zeigt sich daran, daß mit dem Wort „Tier" in der deutschen Sprache früher nur vier-
füßige wilde Tiere bezeichnet wurden. Andere Kriterien für die Einteilung waren ihre
Lebensweise oder ihr Vorkommen auf dem Lande, im Wasser oder in der Luft: Mit
dem Wort „fogel" wurden alle fliegenden Tiere — also auch Schmetterlinge und Fledermäuse — benannt, „fisch" war Allgemeinbegriff für Wassertiere (Walfisch, Tinten-
fisch oder im Englischen crayfish, starfish, jellyfish).

Von Bedeutung für die Entwicklung einer wissenschaftlichen Klassifikation der Organismen waren die Verallgemeinerungseinheiten, die auf Ähnlichkeiten körperlicher
Merkmale beruhten. Teilweise beruhten solche Klassifikationseinheiten auf Übereinstimmung in einzelnen auffälligen, gut erfaßbaren Merkmalen. Man erkannte jedoch
schon früh abgestufte Gemeinsamkeiten hinsichtlich ganzer Komplexe von Merkmalen.
Gruppen von Organismenarten lassen sich auf Grund von F o r m v e r w a n d t -
s c h a f t e n zusammenfassen. Die Vielfalt der existierenden Lebewesen läßt sich in
ein hierarchisches Ordnungssystem einfügen. Die Beobachtung, daß große Gruppen von
Lebewesen durch gemeinsame Baupläne ausgezeichnet sind, durch identische Körperteile, also Körperteile, die hinsichtlich ihrer Lage, ihrer Struktur und ihrer Funktion
übereinstimmen, führte zu der Erkenntnis, daß es ein objektiv feststellbares natürliches
System der Organismen gebe. Lebewesen, die man auf Grund weniger gemeinsamer
„wesentlicher" Merkmale zu einer natürlichen Gruppe zusammenfaßt, ähneln einander
auch in anderen Merkmalen, die nicht zur Charakterisierung der Gruppe herangezogen
wurden. Einige der Klassifikationseinheiten des natürlichen Systems sind seit je im allgemeinen Bewußtsein der Menschen vorhanden. Solche natürlichen Gruppen wie z.B.
die Säugetiere und die Vögel finden wir — neben künstlichen Einheiten — schon in der
Vorstellung von Aristoteles (384 bis 322 v. Chr.) über das System der Lebewesen. Eine
kritische Weiterentwicklung dieser natürlichen Klassifikationssysteme der Organismenwelt, die primär auf der dem Menschen eigenen Fähigkeit zur integrierend ordnenden

Gestaltwahrnehmung beruhen, erfolgt durch die seit der Renaissance aufblühende vergleichend-morphologische Forschung. Man erforscht die Abwandlungen und Differenzierungen gemeinsamer „homologer" Organe oder Strukturen bei verschiedenen Organismen (s. Abschn. 11.6). Man lernt „wesentliche" von „unwesentlichen" Ähnlichkeiten unterscheiden. Ein hierarchisches Klassifikationssystem von Einheiten abgestufter Ähnlichkeiten wird erarbeitet. Die Mannigfaltigkeit der Organismen läßt sich auf eine begrenzte Zahl von Bauplänen („Typen") zurückführen. Der O r g a n i s a t i o n s - t y p u s einer Gruppe ist eine Abstraktion, ein Strukturmodell des Merkmalkomplexes, der allen Gliedern desselben gemeinsam ist. – Große Verdienste bei der Entwicklung der typologischen Methode hat J. W. v. Goethe (1749 bis 1832). Er glaubte auch, daß alle hierarchisch ineinandergeschachtelten Typen des Pflanzen- und Tierreichs durch übergeordnete Bauprinzipien – Urpflanze und Urtier – darzustellen wären.

E. Geoffroy Saint-Hilaire (1772 bis 1844), Zoologe am Jardin des Plantes in Paris, hat bei der Erforschung des einheitlichen B a u p l a n e s (unité de plan) der Wirbeltiere auf die H o m o l o g i e der Organe und ihrer Bestandteile hingewiesen und den Gedanken entwickelt, daß man homologe Skeletteile an ihrer relativen Lage erkennen könne, nicht aber an ihrer Form und ihrer Funktion. Besonders geeignet für die Erforschung von Homologien sei das Studium von Embryonen. Sein Versuch, Homologien zwischen Wirbeltieren und Tintenfischen aufzuzeigen, führte 1830 zum Ausbruch des Akademiestreites mit G. de Cuvier.

Die auf der Typenlehre basierende „r e i n e " M o r p h o l o g i e wird auch „idealistische" Morphologie genannt, weil man glaubt, die Typen oder Baupläne mit „Ideen" im Sinne Platos gleichsetzen zu müssen. Diese Bezeichnung ist jedoch nicht korrekt, da eine derartige Denkweise nur bei einigen Vertretern der vorphylogenetischen Morphologie zum Ausdruck kommt. Die typologische Methode – das Entwerfen von „idealistischen" Modellen real vorhandener Merkmalsmuster – ist schließlich auch ein wesentlicher Bestandteil der heutigen, auf der Phylogenetik basierenden morphologischen und taxonomischen Forschung. Die reine Morphologie mit ihrer Erarbeitung von typischen Ähnlichkeiten schuf eine sachliche Grundlage der Deszendenzlehre, sie führte aber nicht direkt zur phylogenetischen Betrachtungsweise. In ihrem Denkgebäude fehlte noch der historische Aspekt, der aus der Formverwandtschaft die Stammesverwandtschaft werden ließ.

Ein weiteres Ordnungsprinzip zur Erfassung und Gliederung der lebenden Organismen, ja sogar aller Naturdinge, war die „ S t u f e n f o l g e   d e r   D i n g e ". Man ordnete die Dinge und Lebewesen in einer Reihe an – aufsteigend vom niederen zum höheren, vom einfachen zum komplizierten. Seinen Höhepunkt hatte dieses Stufenleiterkonzept in der zweiten Hälfte des 17. Jahrhunderts, als es durch das Kontinuitätsprinzip („natura non facit saltus") von Leibniz angeregt wurde. Eine der ersten Darstellungen einer Stufenleiter der Natur ist schon bei Aristoteles zu finden. In seinen Vorstellungen über die Dinge der Natur finden wir einerseits eine Klassifikation der Organismen im Sinne des Zusammenfassens prinzipiell ähnlicher Lebewesen zu größeren Einheiten, andererseits aber eine vertikale Anordnung der Organismengruppen vom Niederen zum Höheren. An der Basis steht die unbelebte Materie, dann folgen die niederen und höheren

Pflanzen, die verschiedenen wirbellosen Tiergruppen, eierlegende und lebendgebärende
Wirbeltiere und an der Spitze schließlich der Mensch. In späteren Stufenleitern wurde
das Organismenreich in zahlreiche Stufen untergliedert. Man konstruierte Übergangs-
glieder zwischen gut definierten Gruppen. Ad absurdum geführt wurden diese ursprünglich linearen Stufenleitern dadurch, daß man auf Grund oberflächlicher Merkmale mehrere verschiedene Verknüpfungen zwischen zwei Organismengruppen konstruierte. So wurde z.B. die Verbindung zwischen den Vierfüßern und den Vögeln
einerseits über die Fledermäuse, andererseits über den Strauß, bei denen man sowohl
Vierfüßer- als auch Vogelmerkmale sah, geschaffen. Die fliegenden Fische wiederum
wurden als verbindendes Glied zwischen Fischen und Vögeln angesehen. Aus der ein-
reihigen Stufenfolge wurde ein wirr verschlungenes Netz. Der Versuch, eine kontinuierliche Folge der Lebewesen von den einfachsten Formen bis zu den höchst organisierten
Pflanzen und Tieren zu konstruieren, mußte unwissenschaftlich bleiben und scheitern,
weil man alle Verbindungsglieder unter den rezenten Lebewesen suchte. Dadurch, daß
man statt nebeneinanderstehender Gruppen verschiedene Organisationshöhen darzustellen versuchte und das Prinzip der Kontinuität alles Lebenden einführte, schuf man
jedoch wichtige Voraussetzungen für die Evolutionsidee.

## 2.1 Carl v. Linné

Voraussetzung für die wissenschaftliche Beschäftigung mit der Vielfalt der Lebewesen
ist eine prägnante Charakterisierung und eindeutige Benennung der Untersuchungsob-
jekte. Solange Menschen einer Region sich über Tiere und Pflanzen der eigenen Umgebung verständigen wollen, kann man sich der in der Umgangssprache gebräuchlichen
Namen bedienen oder sich durch Hinweisen auf die Objekte verständigen. Die Verständigung über seltene oder fremdländische Lebewesen und die problemlose internationa-
le Kommunikation macht dagegen eine eindeutige und präzise Nomenklatur notwendig.
Diese wurde von dem schwedischen Arzt und Naturforscher Carl v. Linné (1707 bis
1778) durch die Einführung der binären Nomenklatur geschaffen. In seinem 1753 erschienenen Werk hat er sämtliche ihm aus der ganzen Welt bekannten 5250 Pflanzenarten aufgeführt und eindeutig benannt. Jeder Pflanzengattung gab er einen aus einem
lateinischen oder latinisierten Substantiv bestehenden Namen, an den der Artname —
meist ein Adjektiv — angefügt wurde. Dieses Prinzip wird seitdem in der biologischen
Nomenklatur angewendet (s. Kapitel 15).

Linné konstruierte ein künstliches Ordnungssystem des Pflanzenreichs, das auf Zahl
und Anordnung von Blütenmerkmalen beruhte. Auch für das Tierreich schuf er ein
übersichtliches System, in das er auch den Menschen als *Homo sapiens* einordnete, und
benannte alle ihm bekannten Arten. In der 1758 erschienenen 10. Auflage seines
„Systema naturae" führt er insgesamt 4236 Tierarten auf (in den Schriften des Aristoteles werden ca. 520 Tierarten genannt). Die Zahl der bekannten Tierarten war schon
um 1900 auf das Hundertfache der Linnéschen Arten angestiegen.

Linné war von der Existenz einer natürlichen harmonischen Ordnung der Natur überzeugt, sah aber Schwierigkeiten bei der Realisierung eines natürlichen Systems. Er war
anfangs Anhänger der Theorie von der Konstanz der Arten. Sein System setzt die Mög-

lichkeit der genauen Abgrenzung einer Art gegen alle anderen voraus. Ihm war wohl
die große innerartliche Variabilität vieler Arten bekannt; er hielt sie für milieubedingt
(Ursachen: Klima, Boden, Domestikation). Später hielt Linné es für möglich, daß nur
die Gattungen Produkte der Schöpfung seien und die Arten auf natürlichem Wege entstanden seien: „Nicht als unzweifelhafte Wahrheit, aber in Form einer Hypothese lege
ich folgendes vor: Alle Arten derselben Gattung dürften am Anfang eine Art dargestellt haben."

## 2.2 Lebensformtypen

Wenn Autoren früherer Jahrhunderte von Harmonie in der Natur sprachen, so war
damit meist die Tatsache gemeint, daß alle Lebewesen hinsichtlich ihrer Gestalt und
ihrer Ausstattung mit Organen und Strukturen an ihre Lebensweise und ihre Umwelt
angepaßt sind. Pflanzen und Tiere, die mit ähnlicher Lebensweise in ähnlichen oder
gleichen Lebensräumen leben, zeigen vielfach körperliche Übereinstimmungen. In
vielen Fällen stimmen diese F u n k t i o n s ä h n l i c h k e i t e n mit den Ähnlichkeiten des B a u p l a n s , des O r g a n i s a t i o n s t y p u s überein. Man erkannte
aber bald, daß vielen Strukturen, ja ganzen Lebewesen, die auf Grund vergleichbarer
Funktionen bzw. Lebensweisen sehr ähnlich sind, ein völlig unterschiedlicher Organisationstyp zugrunde liegen kann. Die in trockenen Regionen Afrikas wachsenden sukku-
lenten Euphorbien zeigen eine verblüffende Ähnlichkeit mit den amerikanischen Kakteen. In ihrem Organisationstypus aber stimmen sie mit ganz anders gestalteten krauti-
gen Wolfsmilchgewächsen anderer Lebensräume überein. – Wale haben eine an das ak-
tive Schwimmen im freien Wasser angepaßte stromlinienförmige „fischähnliche" Kör-
perform. Ihre Extremitäten sind als Flossen ausgebildet. In ihrem Grundbauplan, ihrem
Organisationstyp stimmen sie aber mit den übrigen Säugetieren überein. Die Knochen
ihrer Brustflossen sind mit denen der Vorderextremitäten der Säuger homologisierbar
und nicht mit dem Brustflossenskelett der Fische. – Dem O r g a n i s a t i o n s t y p
ist also ein L e b e n s f o r m t y p gegenüberzustellen.
Richard Owen (1804 bis 1892), einer der führenden vergleichenden Morphologen
seiner Zeit, führte die Unterscheidung homologer und analoger Strukturen ein. A n a -
l o g ist nach seinen Worten „ein Teil oder ein Organ, welches in einem Tier dieselbe
Funktion hat wie ein anderes Teil oder ein anderes Organ in einem verschiedenartigen
Tier", h o m o l o g ist „dasselbe Organ bei verschiedenen Tieren unter allen möglichen Abwandlungen der Formen und Funktionen" (s. Abschn. 11.6 und 11.7).

## 2.3 Individuelle Anpassungen

Außer dem Angepaßtsein der Arten an Umwelt und Lebensweise sind individuelle
Anpassungen an bestimmte Umweltsituationen bei Pflanzen und Tieren zu beobachten. Klima, Ernährung und alle anderen variierbaren Umwelteinflüsse können einzelne
Strukturen, aber auch den Gesamthabitus pflanzlicher und tierischer Individuen stark
verändern. Eindrucksvoll ist ein Experiment, das G. Bonnier 1895 durchführte. Er

zerschnitt eine Löwenzahnpflanze (*Taraxacum officinale*) in zwei Teile und pflanzte
die eine Hälfte im Hochgebirge, die andere in der Ebene ein. Bereits nach wenigen
Monaten sahen die beiden Teilpflanzen sehr verschieden aus, so daß man sie für verschiedene Arten hätte halten können. Die Hochgebirgspflanze hatte einen typisch alpinen Charakter angenommen (s. Fig. 1): sie war wesentlich kleiner als die Tiefland-

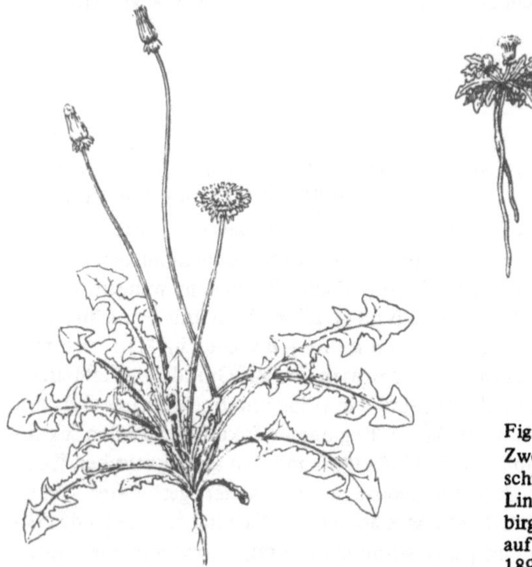

Fig. 1
Zwei Löwenzahnpflanzen – durch Zer-
schneiden aus einer Pflanze entstanden.
Links: Tieflandform, rechts: Hochge-
birgsform. Die Unterschiede beruhen nur
auf Umwelteinflüssen (nach Bonnier,
1895; aus Hertwig [9])

pflanze, zeigte eine stark behaarte xerophile Blattstruktur und eine leuchtende Blütenfarbe. Ihre Wurzeln waren sehr stark entwickelt. Wieder ausgegraben und in die Ebene
zurückgebracht, entwickeln sich die hier dazuwachsenden Teile wie die der Tiefland-
pflanze. Solche umweltbedingten individuellen Variationen nennen wir  M o d i f i -
k a t i o n e n  (s. Abschn. 7.1.1).


## 3  Ektogenetische Evolutionsvorstellungen


Jean-Baptiste Lamarck (1744 bis 1829), Professor für Zoologie am Jardin des
Plantes in Paris, war anfangs ein Anhänger der Artkonstanz, entwickelte dann eine wissenschaftliche Theorie der Abstammungslehre. Er behauptete, daß es keinen prinzipiellen Unterschied zwischen Arten und innerartlichen Varianten gäbe. Genau wie sich
Varietäten umwandeln können, seien auch Arten in der Lage, sich in andere umzu-
wandeln. Als Ursache für die Anpassung der Organismen nahm Lamarck einen den Organismen innewohnenden Trieb zur Vervollkommnung und Komplizierung an. Dieser
Vervollkommnungstrieb wäre die Ursache für das breite Spektrum der Organismen
vom einfachsten bis zum höchst organisierten. Als zweiten und wesentlichen Faktor

für die Evolution der Organismen nahm er an, daß Umwelteinflüsse auf direktem Wege
Veränderungen bei den Lebewesen bewirken und diese auf die Nachkommenschaft übertragen würden. Organe, die intensiv gebraucht werden, würden sich stärker entwickeln.
Organe, die nicht gebraucht werden, würden sich rückbilden, und diese direkt entstandenen Veränderungen würden sich vererben und im Laufe der Generationenfolgen ver-
stärken. Schließlich würden auch Organe neu entstehen, die unter den jeweiligen
Lebensumständen benötigt werden. Die von Lamarck angeführten Beispiele wurden
z.T. schon zu seinen Lebzeiten belächelt: das Entstehen des langen Giraffenhalses
durch ständiges Emporrecken zum Erreichen der Blätter hoher Bäume, das Entstehen
der Stelzbeine von Sumpfvögeln, die sich hochstreckten, um mit dem Körper über dem
Wasser zu bleiben. Lamarck konnte sich mit seinem Evolutionskonzept nicht durchsetzen, weil er keine überzeugenden Beweise vorweisen konnte und seine Spekulationen
zu phantasievoll waren. Gegen sein Konzept der Vererbung erworbener Eigenschaften
können zahlreiche Gegenbeweise aufgeführt werden. Hier ein von A. Weismann
genanntes Beispiel: Staatenbildende Insekten (Ameisen, Termiten) haben Kasten für
spezielle Aufgaben — Soldaten, Arbeiter — mit speziellen Strukturen herausgebildet.
Diese Tiere pflanzen sich aber nicht fort, sondern nur die Geschlechtstiere, die nie die
betreffenden Aufgaben ausgeführt haben und auch nicht die betreffenden Strukturen
besitzen.

Trotzdem sind lamarckistische oder ektogenetische Vorstellungen über 150 Jahre immer wieder von einzelnen Biologen vertreten worden. Es gibt Tatbestände und Beob-
achtungsergebnisse, für die sich auf den ersten Blick die Vererbung erworbener Eigenschaften als einleuchtendste Deutung anbot. Modifikative Veränderungen wurden bereits im vorhergehenden Kapitel erwähnt. Sie sind im allgemeinen als nichterbliche
individuelle Anpassungen leicht zu erkennen. Etwas verwirrender können sogenannte
D a u e r m o d i f i k a t i o n e n  sein. Ein Beispiel hierfür bietet die Schlupfwespe
*Habrobracon.* Bei ihr kann durch extrem niedrige Temperaturen eine dunkle Körperpigmentierung hervorgerufen werden. Sie ist beständig und wird unter normalen Tem-
peraturbedingungen durch das Muttertier auf die nächste und sogar auf die übernäch-
ste Generation übertragen. Erst in den folgenden Generationen nehmen die Tiere wieder die für sie typische helle Färbung an. Hervorgerufen wird dieses Phänomen dadurch,
daß modifikativ entstandene Stoffe zunächst mit dem Plasma des Eis weitergegeben
werden, später gehen sie verloren.

Weitere Erscheinungen, die als Vererbung erworbener Eigenschaften gedeutet wurden,
werden in Kapitel 8 behandelt. Ektogenetische Vorstellungen ließen sich in keinem
Fall beweisen. Sie setzen eine niemals nachgewiesene Fähigkeit der direkten Speiche-
rung von Umwelteinflüssen voraus.


# 4 Darwinismus

Das Erscheinen von Darwins Werk „On the origin of species by means of natural
selection, or the preservation of favoured races in struggle for life" im Jahre 1859 wird
allgemein als Geburtsstunde der wissenschaftlichen Phylogenetik angesehen. Charles

Darwin (1809 bis 1882) wurde durch Beobachtungen, die er während einer Welt-
reise mit dem Vermessungsschiff „Beagle" in den Jahren 1831 bis 1836 machte, angeregt, sich mit dem Problem der Artumwandlung zu beschäftigen. Wichtiges Material für
die Evolutionstheorie erhielt er durch das Studium der Veränderungen bei Pflanzen
und Tieren im Zustand der Domestikation. Durch gezielte Auslese entsteht aus einer
Wildform oft eine große Zahl unterschiedlichster Zuchtrassen. Mit seiner Abstammungslehre legte Darwin sowohl ein Konzept für die Ursachen der Evolution vor als auch um-
fangreiches Belegmaterial für die Tatsache der Evolution.

Als V o r a u s s e t z u n g en für die Entstehung der Vielfalt angepaßter Formen
nahm Darwin an:

1. Die Individuen aller Pflanzen- und Tierarten sind variabel. Für die Evolution ist nur
die erbliche Variabilität von Bedeutung.

2. Alle Lebewesen produzieren einen Überschuß an Nachkommen. Da jedoch im allgemeinen die Individuenzahl vieler Arten über lange Generationenfolgen relativ konstant
bleibt, müssen viele Individuen vorzeitig vernichtet werden.

3. Die Vernichtung des Vermehrungsüberschusses wird durch ungünstige Umweltbedingungen bewirkt. Das können klimatische und andere abiotische Faktoren sein, aber
auch Nahrungsmangel, Feinde und Krankheiten. Negative Umweltverhältnisse können
in Form von Katastrophen auftreten. In solchen Fällen spielt eine unterschiedliche Eignung keine Rolle. In den meisten Fällen wird es jedoch zu einem K a m p f  u m s
D a s e i n (struggle for life) kommen, in dem die an die gegebenen Umweltbedingungen am besten angepaßten Varianten überleben werden und zur Fortpflanzung gelangen. In der folgenden Generation wird der Prozentsatz der angepaßten Formen erhöht
sein. Im Laufe der Generationen führt diese Selektion zu Veränderungen der Arten in
Richtung auf eine optimale Anpassung an die jeweiligen Bedürfnisse und Umweltverhältnisse (s. Kapitel 8).

Für die Feststellung, daß die Mannigfaltigkeit der Lebewesen durch die Evolution zustande gekommen ist, führt Darwin Beweise verschiedener Art an. In der folgenden
Aufstellung der wichtigsten Beweise für die Abstammungslehre werden auch Argumente angeführt, die auf Untersuchungen neuerer Zeit beruhen und daher Darwin selbst
noch nicht bekannt waren. Da viele der hier angeführten Gesichtspunkte in späteren
Kapiteln ausführlicher zu behandeln sind, wird in diesen Fällen nur ein kurzer Hinweis
gegeben und auf die betreffenden Kapitel verwiesen.


## 5  Beweise für die Abstammungslehre


### 5.1  Homologien und das natürliche System der Organismen

Das hauptsächlich von konsequenten Anhängern der Konstanz der Arten erarbeitete
natürliche System der Organismen hierarchisch abgestufter typischer Ähnlichkeiten
(s. Kapitel 2) findet durch die Abstammungslehre seine Erklärung. Aus der zuvor nur

metaphysisch deutbaren F o r m v e r w a n d t s c h a f t wird durch Einführung des historischen Aspektes S t a m m v e r w a n d t s c h a f t. Homologe Strukturen unterschiedlicher Ausprägung und Funktion lassen sich jetzt als durch Differenzierung aus einer gemeinsamen Ausgangsform hervorgegangen erklären (s. Abschn. 11.6).

Während die Homologie makroskopischer Strukturen die Stammverwandtschaft größerer und kleinerer Gruppen des Pflanzen- und Tierreichs aufzeigt, wird der gemeinsame Ursprung aller Lebewesen unserer Erde durch Übereinstimmung im Feinbau der Zellen und auf molekularer Ebene belegt. Desoxyribonucleinsäure (DNS) bzw. Ribonucleinsäure (RNS) als Träger der Erbinformation und Proteine prinzipiell übereinstimmender Zusammensetzung sind gemeinsame Merkmale sämtlicher Organismen. Weitere makromolekulare Stoffe komplizierter chemischer Struktur (z.B. Cytochrome und andere Enzyme) werden ebenfalls in allen Organismen angetroffen. Der Grad der Übereinstimmung der Aminosäuresequenzen verschiedener Proteine zeigt oft parallel zu morphologischen Homologien den Verwandtschaftsgrad einzelner Organismengruppen an (s. Kap. 8).

Alle Eukaryonten stimmen im Bau und in wesentlichen Stoffwechselfunktionen ihrer Zellen überein. Mitochondrien, Golgiapparat, endoplasmatisches Retikulum, Ribosomen und Lysosomen sind nahezu ausnahmslos in den Zellen aller Eukaryonten vorhanden. Aufbau der Chromosomen, Mitose und Meiose stimmen prinzipiell bei allen Pflanzen und Tieren überein. Es ist extrem unwahrscheinlich, daß derartig komplexe Ähnlichkeiten mehrfach unabhängig voneinander entstanden sein sollten.


## 5.2 Biogeographie

Die Arten der Pflanzen und Tiere sind jeweils an bestimmte Umweltverhältnisse (Klima, Nahrungsangebot usw.) angepaßt. Man kann sie folglich nur in Regionen erwarten, die ihnen die Existenz erlauben. Steppentiere wird man nicht im Urwald antreffen, genausowenig Polartiere in warmen Zonen. Aber gleichartige Lebensräume in verschiedenartigen geographischen Regionen sollten die gleichen Arten von Lebewesen aufweisen. Das trifft aber nicht zu. Die tropischen Urwälder Afrikas und Südamerikas haben eine unterschiedliche Fauna und Flora. In den Polarregionen des Nordens treffen wir andere Robbenarten an als in den Südpolarregionen. In der Antarktis leben Pinguine, sie fehlen in der Arktis. Der Eisbär ist wiederum auf die Nordpolarregion beschränkt. In geographisch voneinander isolierten Gebieten findet man unter entsprechenden Umweltbedingungen oft Tiere des gleichen Lebensformtyps, die aber unterschiedlichen natürlichen Verwandtschaftsgruppen angehören. Die zu den Schwirrflüglern (Apodiformes) gehörenden, also mit unseren Mauerseglern verwandten, Nektar saugenden Kolibris (Trochilidae) sind auf Amerika beschränkt. In Afrika werden sie durch die zu den Sperlingsvögeln (Passeriformes) gehörenden Nektarvögel (Nectariniidae) vertreten. Als Pendant zu Altweltgeiern (Aegypiinae) leben in Amerika die Neuweltgeier (Cathartidae, Kondor und Verwandte) als aasfressende Tagraubvögel. Man spricht in solchen Fällen von S t e l l e n ä q u i v a l e n z. Andererseits findet man in geographisch benachbarten Regionen eine natürliche Verwandtschaftsgruppe in großer Formenvielfalt.

Eine Erklärung hierfür bietet nur die Abstammungslehre: Eine Organismengruppe hat sich in einer Region entwickelt und ist in eine große Zahl von Arten aufgespalten. Von einem solchen Entstehungszentrum breitet sie sich aus, bis sie an Verbreitungsschranken trifft. Für viele Landtiere sind das z.B. die Meere. Auch Gebirge und Wüsten und jede größere Unterbrechung des adäquaten Biotops können Ausbreitungshindernisse sein. Darwin fragte sich beim Vergleich der drei Nashornarten, die Java, Sumatra und das benachbarte malayische Festland bewohnen, ob wir annehmen sollen, „daß von jeder dieser drei Arten ein Paar oder ein trächtiges Weibchen für sich allein mit deutlichen Merkmalen echter Verwandtschaft ... aus den unbelebten Stoffen von Java, Sumatra oder Malakka erschaffen worden ist? Oder stammen sie wie unsere Haustierrassen von demselben Urahnen ab?"

Beim Besuch der Galapagosinseln war Darwin von zwei Tatsachen beeindruckt: Die dort vorkommenden Finkenvögel (Geospizinae) zeigten verwandtschaftliche Ähnlichkeit mit denen des benachbarten Festlandes, und jede der Galapagosinseln hatte ihre eigene typische Finkenart (s. S. 53). Er fand nur eine vernünftige Erklärung hierfür: Die Vögel stammen von einem gemeinsamen Vorfahren ab; vom Festland auf die Inseln verschlagen, haben sie sich auf den einzelnen Inseln isoliert und unter dem Einfluß unterschiedlicher Selektionsbedingungen zu verschiedenen Arten differenziert.

Pflanzen und Tiere, deren Verbreitung auf ein eng begrenztes Gebiet beschränkt ist, nennt man E n d e m i t e n. Nicht jedes endemische Vorkommen von Pflanzen- und Tiergruppen etwa auf isolierten Inseln ist dadurch zu erklären, daß diese Gruppe dort entstanden ist. Viele jetzt nur endemisch vorkommende Tiergruppen waren, wie man aus Fossilfunden weiß, früher weit verbreitet. Die Beuteltiere (Marsupialia) z.B., die heute auf Australien beschränkt sind, wo sie in großer Artenzahl und Formenvielfalt vorkommen, waren früher über alle Kontinente verbreitet. Sie wurden dann von den leistungsfähigeren höheren Säugetieren (Eutheria) verdrängt. Nur die Opossum-Verwandten in Amerika konnten sich behaupten. Australien war schon zur Zeit der Ausbreitung der Eutheria vom asiatischen Festland abgeschnitten, so daß die Beuteltiere sich hier ungestört entfalten konnten (s. Abschn. 11.2).

Die einzelnen Lebewesen sind mit unterschiedlichen Verbreitungsmitteln ausgerüstet, so daß einige Formen sich über Hindernisse ausbreiten können, die für andere unüberwindbar sind. Die Pelikane z.B. haben als gut flugfähige Vögel Vertreter in allen Faunenregionen der Erde.

Wenn geographische Argumente für die Erklärung der Evolution und Ausbreitung von Lebewesen herangezogen werden, müssen selbstverständlich die geographischen Verhältnisse in früheren Perioden der Erdgeschichte berücksichtigt werden. So würde die Verbreitung tropischer Regenwurmgattungen (z.B. *Dichogaster*), die mit nahe verwandten Arten nur im westlichen Afrika und im nordöstlichen Südamerika sowie in Mittelamerika vorkommen, unverständlich bleiben, wenn man nicht berücksichtigt, daß die Kontinente früher zusammenhingen (A. Wegeners K o n t i n e n t a l v e r - s c h i e b u n g s t h e o r i e).

Biogeographische Dokumente, die auf stammesgeschichtliche Zusammenhänge im Pflanzen- und Tierreich hinweisen, werden durch den Menschen in großem Umfange vernichtet. Absichtlich und unabsichtlich verschleppte Pflanzen und Tiere zerstören

die biogeographische Ordnung, welche die Evolution vieler Organismengruppen im
Laufe der Erdgeschichte widerspiegelt. Opuntien und Agaven, „typische" Floren-
elemente des Mittelmeergebiets, stammen aus Amerika. Die weit über die tropischen
Regionen der Alten Welt verbreitete Achatschnecke (*Achatina fulica*) war ursprünglich wahrscheinlich auf die Insel Mauritius beschränkt (s. auch S. 47). Für den auf
biogeographische Belege angewiesenen phylogenetisch und systematisch arbeitenden
Biologen sehr unangenehm ist die unbewußte Verschleppung von kleineren Lebewesen, etwa an Wurzelballen von Kulturpflanzen. Von einigen in Gewächshäusern ent-
deckten neuen Tierarten hat man die Herkunft nicht ermitteln können.

Folge der Verschleppung von Tieren und Pflanzen in andere geographische Regionen
ist oft die Verdrängung einheimischer Floren- und Faunenelemente. Als Beispiel sei
das aus Nordamerika stammende Grauhörnchen (*Sciurus carolinensis*) genannt, das
in England das Europäische Eichhörnchen (*Sciurus vulgaris*) verdrängt hat.
Der Bau des Suezkanals hat zum Eindringen indopazifischer Meerestiere in das Mittelmeer geführt. Fische, Crustaceen und einige andere Tiere aus dem Roten Meer haben
sich im östlichen Mittelmeer ausgebreitet. Von einigen augenscheinlich zur Fauna des
Roten Meeres gehörigen Tieren, die bereits vor dem Bau des Suezkanals in Mittelmeer
vorkamen, wird angenommen, daß sie durch eine Kanalverbindung zu Zeiten der Ptole-
mäer eingewandert sind.

## 5.3 Paläontologie

G. Cuvier (1769 bis 1832) untersuchte Fossilien aus den Sedimenten des Pariser
Beckens. Ihm verdanken wir genaue anatomische Beschreibungen und Rekonstruk-
tionen fossiler Säugetiere. In Sedimentschichten (Formationen) aus verschiedenen
Epochen fand er unterschiedliche Arten, die von denen anderer Epochen und von den
heute lebenden abwichen. Aber er hielt die Arten älterer Schichten nicht für Vorfahren der Arten jüngerer Schichten oder gar der heutigen Lebewesen. Er war ein konse-
quenter Anhänger der Theorie der Konstanz der Arten. Cuvier nahm an, daß durch
gewaltige Katastrophen auf der Erde die gesamte Lebewelt einer Periode vernichtet
und durch eine Neuschöpfung die Erde wieder besiedelt worden sei. Da nach dieser
Ansicht der Mensch ein Produkt der letzten Schöpfung ist, mußte Cuvier die Entdek-
kung fossiler Menschenknochen als Irrtum ablehnen.

Die paläontologische Forschung hatte jedoch schon bis zur Mitte des vorigen Jahrhunderts viel Material zusammengetragen, aus dem zu ersehen war, daß in älteren Schichten
einfachere Lebewesen zu finden sind als in jüngeren. Es waren stufenweise Abänderungen im Verlaufe der Zeit bis zu heute lebenden Formen zu erkennen. Diese Tatsachen
lieferten Darwin wichtiges Beweismaterial für die Abstammungslehre.
Bis heute hat die Paläontologie die Entwicklungsreihen vieler Tiergruppen ermittelt.
Aber schon Darwin erkannte, daß nicht alle Gruppen von Lebewesen früherer Epochen
Vorfahren der heutigen Lebewelt sind. Große Zweige des Stammbaums der Lebewelt
haben sich über lange Zeiträume entfaltet und sind dann ausgestorben, ohne Nach-
kommen-Gruppen zu hinterlassen. Als bekanntestes Beispiel seien die Dinosaurier ge-

nannt, die während des Jura ihre Hauptentfaltung hatten, Riesenformen entwickelten (*Brontosaurus* wurde bis 30 m lang) und am Ende der Kreidezeit ausstarben.

Lückenlose Folgen aufeinanderfolgender Formen erlauben es bei einer Reihe von Organismen, die evolutive Veränderung über lange Zeiträume hinweg zu verfolgen. Das ist vor allem bei kleinen Formen, die in großer Individuenzahl und -dichte vorkommen, möglich, z.B. bei Foraminiferen und Ostracoden. Auch von Ammoniten und einigen Echinodermengruppen sind lange Evolutionslinien bekannt. Alle genannten Tiergruppen sind durch Skelette, fossilisierbare Hartteile, ausgezeichnet. Von Tieren ohne harte Skelette sind nur ausnahmsweise Fossilien als Abdruck erhalten. Da nur ein ganz geringer Bruchteil der Lebewesen fossil erhalten geblieben ist, ist die Wahrscheinlichkeit, Evolutionslinien größerer Formen geringerer Individuendichte lückenlos durch Fossilien zu belegen, sehr gering. Überlieferungslücken und fehlende Zwischenformen führten zu Theorien der sprunghaften Typenbildung. Nach dieser Ansicht („Der erste Vogel kroch aus einem Reptilei") soll ein neuer, völlig anders gestalteter Organismus plötzlich dagewesen sein und seinen Lebensraum aufgesucht haben. Derartig unwahrscheinliche Vorgänge sind nicht überzeugend zu begründen. Daß tatsächlich ein Kontinuum vorliegt, wo man Evolutionssprünge annahm, ist für viele Fälle durch Funde von Zwischenformen auch paläontologisch nachgewiesen worden, z.B. bei Pferden und Elefanten. Für einige Säugetiergruppen liegt verblüffend lückenloses Fossilmaterial vor, das die Konstruktion von gesicherten Stammbäumen möglich macht und die stufenweise Herausbildung von Organisationstypen aufzeigt.

### 5.3.1 Der Stammbaum der Pferde

Am Beispiel des Stammbaums der Pferde (Fig. 2) soll die Beweiskraft paläontologischer Belege für die Abstammungslehre demonstriert werden. Die kontinuierliche Evolution dieser Tiere fand in Nordamerika statt, wo die Pferde seit Ende des Pleistozän ausgestorben sind. In die Alte Welt sind Vertreter verschiedener Evolutionsstufen über die damals noch als Landverbindung bestehende Beringstraße eingewandert, die dann schließlich wieder ausgestorben sind. Man versuchte früher, die Ahnenreihe der Pferde nur an Hand von Altweltfossilien zu rekonstruieren. Es waren Seitenzweige verschiedenen Evolutionsniveaus, die man aneinanderreihte. *Hipparion* wurde als Vorfahr von *Equus* angesehen. Fossilfunde aus Nordamerika zeigten jedoch, daß die rezenten Pferde von *Pliohippus* abzuleiten sind.

Das an der Basis des Pferdestammbaums stehende *Hyracotherium* war etwa fuchsgroß. Wenn wir die Stammesreihe bis zur Gegenwart verfolgen, beobachten wir eine sukzessive Zunahme der Körpergröße. Formen des unteren Oligozän waren bereits doppelt so groß (etwa 60 cm Schulterhöhe) wie das *Hyracotherium*. *Miohippus* hatte 75 cm Schulterhöhe. Im Pleistozän schließlich finden wir neben Ponys von knapp 125 cm Größe schon 190 cm große Pferde.

An der Evolution des Gebisses der Pferde ist die Entwicklung vom Allesfresser zum Laubfresser und schließlich zur Anpassung an die harte Grasnahrung abzulesen. Klimaveränderungen, die zur Steppenbildung führten, bewirkten diese Entwicklung. Die Vorfahren von *Hyracotherium* hatten ein unspezialisiertes Allesfressergebiß, das sich in der frühen Pferdereihe zum Laubfressergebiß umwandelt. Die ursprünglich dreihöckerigen

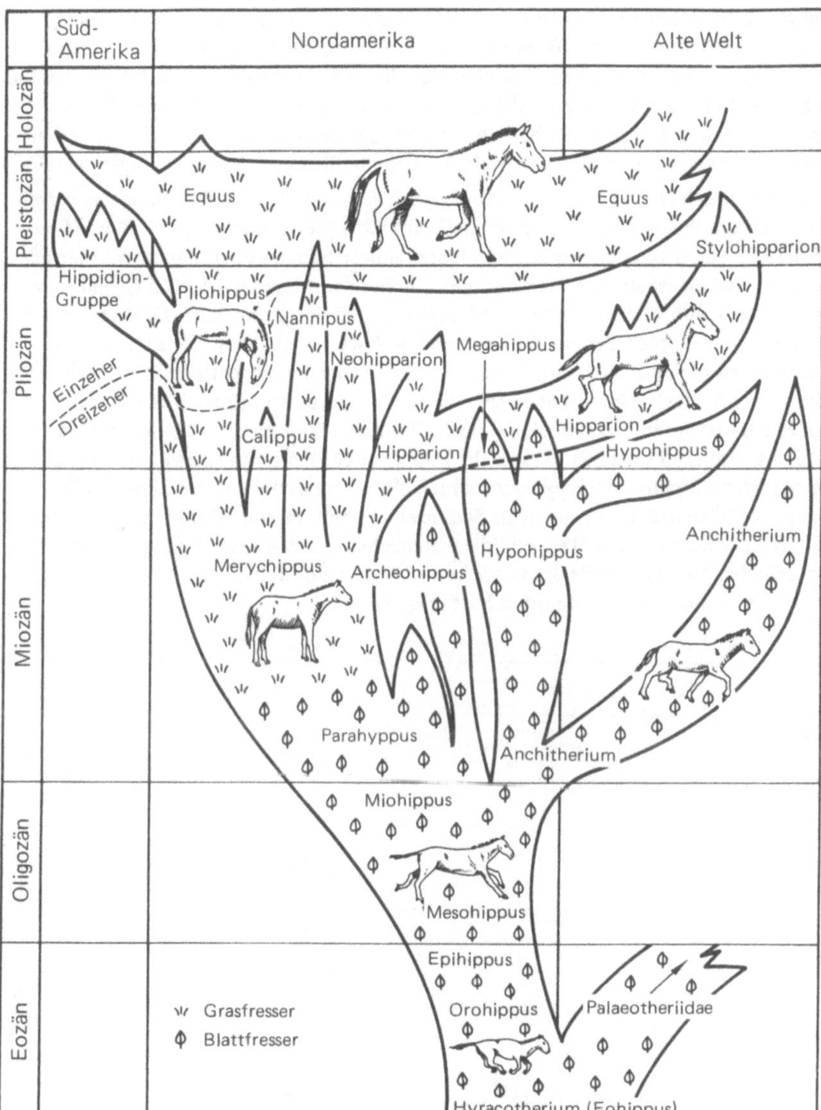


Fig. 2  Stammbaum der Pferde (nach G. G. Simpson; aus Thenius [25])

Prämolaren nehmen sukzessive Gestalt und Höckerzahl (vier) der Molaren an, so daß schließlich nur noch ein Typ von Backenzähnen existiert. Der Übergang zur Grasnahrung führt zur Vergrößerung der Kaufläche und zur Ausbildung von Leisten zwischen

den Höckern. Schließlich kommt es zu zusätzlichen Kalkeinlagerungen („Zement")
und zur Ausbildung von Faltenmustern (Die ursprünglichen Höcker wurden bereits
in der Jugend abgekaut). Die Angleichung an die harte Grasnahrung führt dazu, daß die
Zähne hochkroniger werden. Da die Kauflächen sich abnutzen, werden die Zähne
langsam aus dem Kiefer geschoben. Parallel mit der Umwandlung des Gebisses verlän-
gert sich der Gesichtsschädel, wodurch die Augenhöhlen nach hinten verlagert werden.

Besonders anschaulich zeigt die Umbildung der Extremitäten die Wandlung des Pferdestammes vom Waldbewohner zum schnell laufenden Steppentier (Fig. 3). Beim *Hyracotherium* waren von der ursprünglich fünfstrahligen Säugerextremität am Vorderfuß
noch vier Zehen erhalten, hinten nur drei. Die Füße mit ihren biegsamen Gelenken sind
an das Leben auf weichem Untergrund angepaßt. Bei den Formen des Oligozän ist die
Evolution der Pferdebeine zu „Laufbeinen" deutlich zu erkennen. Sie sind weniger
gelenkig und hauptsächlich zur Bewegung in Richtung der Körperlängsachse geeignet.
*Mesohippus* und *Miohippus* haben auch an den Vorderfüßen nur noch drei Zehen.
Außer der ersten fehlt jetzt auch die fünfte Zehe. Bei *Miohippus* ist die mittlere (dritte) Zehe bereits so verstärkt, daß sie die Hauptlast des Körpers tragen kann. Bei *Para-
hippus, Merychippus* und *Hipparion* werden die zweite und die vierte Zehe weiter
rückgebildet, so daß sie nur noch als Seitenzehen ohne tragende Funktion vorhanden
sind. Bei *Pliohippus* schließlich sind die Seitenzehen 2 und 4 bis auf winzige Reste
rückgebildet. Hier ist bereits der typische einzehige Lauf- und Springfuß ausgebildet,
wie er für die rezenten Pferde typisch ist (Fig. 3).

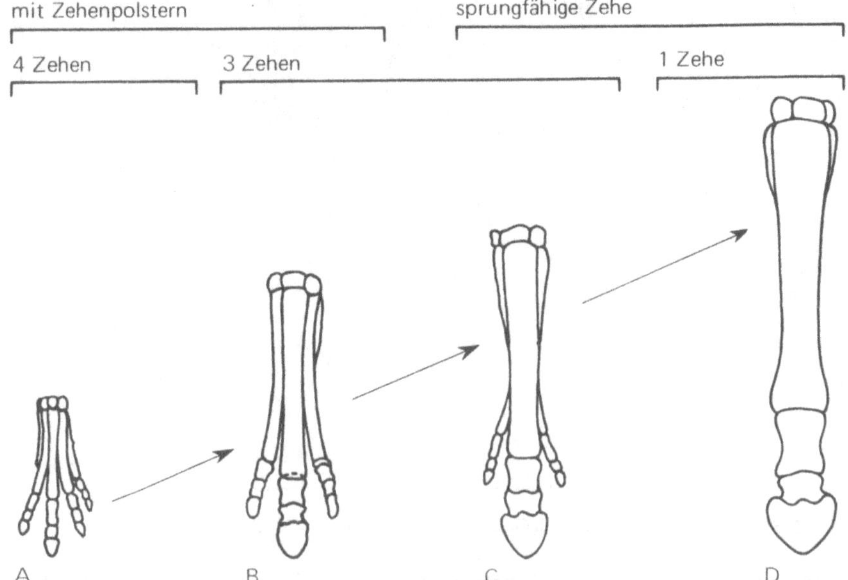


Fig. 3 Evolution der Vorderextremitaten innerhalb des Pferdestammes: A. *Hyracotherium (Eohippus)*.
B. *Mesohippus*, C. *Merychippus*, D. *Equus* (verändert nach Simpson aus Hadorn/Wehner [8])

Wir haben hier nur die Hauptlinie von *Hyracotherium* zu *Equus* betrachtet. Im Laufe
der 60 Millionen Jahre Pferdeevolution ist jedoch, wie aus der Fig. 2 zu ersehen ist,
eine Vielzahl von Seitenlinien abgezweigt, die nach kürzerer oder längerer Zeit ausgestorben sind. Dieses ständige Auftreten von divergierenden Seitenlinien, die oft eine
große Variationsbreite zeigen, ist ein wesentliches Charakteristikum der Evolution der
Organismen.

## 5.4  Rudimente

Bei einer größeren Anzahl von Pflanzen und Tieren findet man Strukturen oder Reste
von Organen, die augenscheinlich funktionslos sind. Es handelt sich um Strukturen
und Organe, die bei verwandten Formen wohl entwickelt sind und wichtige Funktionen besitzen. Eine Erklärung für das Vorhandensein solcher Strukturen bietet nur die
Abstammungslehre. Viele Pflanzen und Tiere haben im Laufe der Evolution ihre Lebensweise geändert. Bestimmte Organe erhielten dadurch eine neue Funktion
(F u n k t i o n s w e c h s e l, s. S. 87), andere wurden funktionslos und bildeten sich
zurück. Bei Riesenschlangen finden sich im Körper noch Reste des Beckens und der
Hinterextremitäten, ebenso sind bei den Walen noch stark rückgebildete Beckenkno-
chen vorhanden. Die Vorfahren dieser Tiere waren Wirbeltiere mit normal entwickelten Extremitäten. Alle flugunfähigen Vögel – z.B. die Strauße – haben noch rudimentäre Flügel.

Wir wissen heute, daß es nicht korrekt ist, rudimentäre Organe grundsätzlich für funktionslos zu halten. Sie sind zwar rudimentär in bezug auf ihre ursprüngliche Funktion;
in den meisten Fällen jedoch, in denen funktionslos gewordene Organe nicht vollständig rückgebildet worden sind, läßt sich die Übernahme anderer Funktionen nachweisen. Die Flügelrudimente der Strauße – ihrer Konstruktion nach eindeutig als
rückgebildete Flugorgane zu erkennen – dienen als Balanceorgane. Die Beckenkno-
chen der Wale – Reste des Traggerüsts der Hinterextremitäten – haben eine Funktion
als Ansatzstellen für Muskeln des Penis (Fig. 4). In den Kapiteln 11 und 13 werden weitere
Aspekte der Rückbildung von Organen zu besprechen sein.

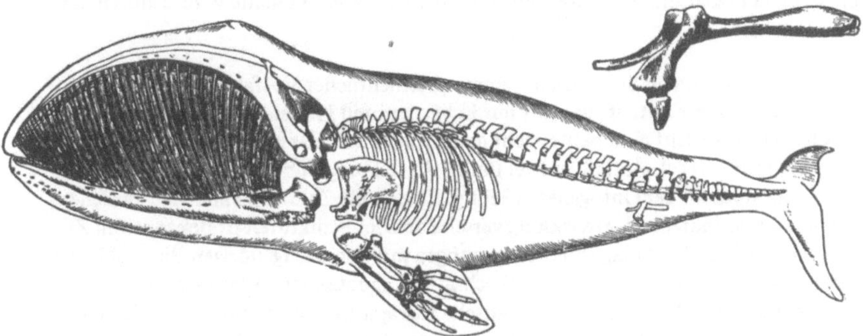

Fig. 4  Skelett eines Wales mit rudimentärem Becken (aus Dobzhansky [3])

## 5.5 Entwicklungsgeschichte der Organismen

Die Individualentwicklung ( O n t o g e n e s e ) der Lebewesen, die Entwicklung vom
Ei zum ausgewachsenen Organismus, scheint nur bei wenigen einfachen Orgnismen
direkt, ohne „Umwege" zu erfolgen. Oft finden wir abweichende Zwischenstadien.
Solche Umwege in der Individualentwicklung sind leicht verständlich, wenn Jugend-
stadien eine andere Lebensweise haben oder andere Lebensräume bewohnen als die
Adulten. Wir beobachten dieses Phänomen bei der Mehrzahl aller Insekten. Die Larven
z.B. der Schmetterlinge führen eine andere Lebensweise als die Imagines. Im Wasser
lebende Larven landbewohnender Insekten (z.B. Libellen) benötigen andere Atmungs-
organe als die Imagines.
Es gibt aber eine Reihe von embryonalen Strukturen, die Umwege in der Entwicklung
bedeuten, aber keine Funktion zu haben scheinen. Schon vergleichenden Morphologen
der ersten Hälfte des 19. Jahrhunderts fiel auf, daß diese Umwege in der Entwicklung
höherer Organismen Ähnlichkeit mit niederen Organismen zeigen. J. F. Meckel
(1781 bis 1833) schreibt, „daß der Embryo höherer Tiere, ehe er seine vollkommene
Ausbildung erreicht, mehrere Stufen durchläuft . . . daß diese Stufen denen entsprechen, auf welchen tieferstehende Tiere das ganze Leben hindurch gehemmt erscheinen
. . . daß das höhere Tier in seiner Entwicklung dem Wesentlichen nach die unter ihm
stehend bleibenden Stufen durchläuft". Als bekanntestes Beispiel sei hier die Anlage
von Kiemenbögen bei Embryonen von Säugetieren genannt. Von Darwin konnte dieses
Phänomen stammesgeschichtlich gedeutet werden, und von Haeckel wurde die Feststellung Meckels als „ B i o g e n e t i s c h e s   G r u n d g e s e t z " phylogenetisch
formuliert: „Die Ontogenie ist die kurze und schnelle Rekapitulation der Phylogenie".
Eigenanpassungen des Embryos oder larvaler Stadien hat Haeckel als Caenogenesen
(Störungsentwicklungen) bezeichnet. Sie dürfen im Gegensatz zu den Wiederholungen,
den Palingenesen, nicht phylogenetisch gedeutet werden. Wie aber will man erkennen,
ob man es mit Palingenesen oder Caenogenesen zu tun hat? Prinzipiell ist das nicht
möglich, ohne die Stammesgeschichte der untersuchten Form zu kennen. Damit ver-
liert das biogenetische „Gesetz" seinen Wert für die Aufklärung unbekannter Stammeslinien; seine Bedeutung als Beweismittel für die Abstammungslehre wird dadurch aber
nicht berührt.

Da Rekapitulation von Strukturen stammesgeschichtlicher Vorfahren in den meisten
Fällen nur teilweise zutrifft und oft nur in bestimmten Phasen der Ontogenese deutlich
ausgeprägt ist, spricht man heute nicht mehr von einem „Gesetz" sondern von der
Biogenetischen Regel. Als Hilfsmittel für die Aufklärung unbekannter Phylogenesen
bleibt das Studium der Ontogenese wichtig. Eine große Zahl von Parallelen zwischen
Stammes- und Individualentwicklung verschiedenster Strukturen ist bekannt. Im Zusammenhang mit der Anlage von Kiemenbögen mit den dazugehörigen Blutgefäßen bei
Landwirbeltieren zeigt sich, daß der Wechsel von aquatischer zu terrestrischer Lebensweise bei den Amphibien als ontogenetische Rekapitulation der Eroberung des Landes
durch die Wirbeltiere, die in der Phylogenese der Amphibien erfolgt ist, angesehen
werden kann.

Ein anschauliches Beispiel für die Biogenetische Regel bieten die Plattfische (Heterosomata), bei denen der stammesgeschichtlich ursprünglich symmetrische Körperbau der Fische einer weitgehenden Asymmetrie Platz gemacht hat. Sie liegen mit einer Körperseite auf dem Boden und schwimmen in Seitenlage. Folglich sind z.B. die Augen auf eine — die obere — Körperseite verlagert. Die frisch geschlüpften Larven sind noch symmetrisch gebaut. Die Augen „wandern" im Laufe mehrerer Wochen auf eine Körperseite (Fig. 5).

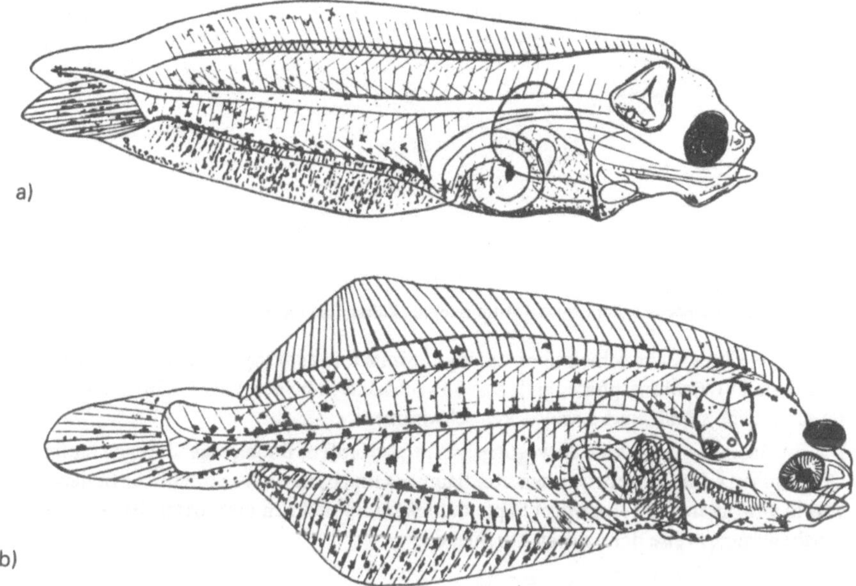

Fig. 5  Entwicklung der Flunder. Wanderung des linken Auges auf die rechte Körperseite:
a) Larve von 6,9 mm Länge, b) Larve von 10,2 mm Länge (nach Ehrenbaum [12])

Bartenwale besitzen keine Zähne, statt dessen haben sie im Oberkiefer mit langen Fransen besetzte Hornplatten als Reusenapparat zur Filtration der Nahrung. Ihre Embryonen legen noch in jeder Kieferhälfte 51 Zähne an, die rückgebildet werden, ehe sie das Zahnfleisch durchbrechen (Fig. 6). Dadurch wird die Herkunft der Bartenwale von zahntragenden Vorfahren erkennbar.

Die Biogenetische Grundregel gilt nicht nur für morphologische, sondern auch für physiologische und Verhaltensmerkmale. Hühner z.B. scheiden in den ersten Stadien ihrer Ontogenese 90 % ihres Stickstoffs in phylogenetisch primitiver Form als Ammoniak aus, später als Harnstoff und erst in der Hauptphase ihrer Entwicklung in der für Sauropsiden typischen Form als Harnsäure.

Der afrikanische Rückenschwimmwels (*Synodontis nigriventris*) schwimmt als Adultus stets mit der Bauchseite nach oben und hat zweckmäßigerweise eine dunkle Bauch-

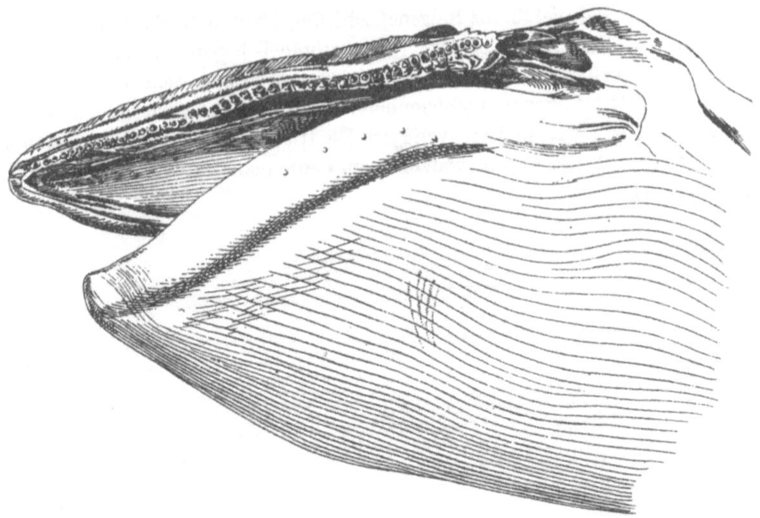

Fig. 6 Kopf eines Bartenwalembryos mit freigelegten Zähnen im Oberkiefer (aus Tschulok [26])

seite. Seine Jungfische schwimmen anfangs normal mit dem Rücken nach oben, dann folgt eine Entwicklungsphase, in der sie abwechselnd in beiden Lagen schwimmen, bis sie schließlich ständig auf dem Rücken schwimmen.

Die für Baumvögel typische Bewegungsart ist das Hüpfen, Bodenvögel dagegen laufen. Die Lerchen (*Alaudidae*) stammen von Baumvögeln ab, sie sind sekundär zu Bodenvögeln geworden. Ihre Jungvögel hüpfen anfangs und nehmen erst später die laufende Fortbewegungsweise der adulten Lerchen an.

## 6  Die weitere Entwicklung der Abstammungslehre zur synthetischen Evolutionstheorie

Darwin gilt als der Begründer der wissenschaftlichen Phylogenetik. Wir haben gesehen, daß die Beweismittel für die Evolutionstheorie als Voraussetzung für die Phylogenetik bereits vor Darwin zusammengetragen wurden. Auch der Abstammungsgedanke ist bis in die älteste Geschichte der Menschheit zurückzuverfolgen. Als erster dürfte der Philosoph Anaximander (611 bis 564 v. Chr.) die sukzessive Entstehung niederer und höherer Lebewesen gelehrt haben. Dieser, wie auch allen anderen frühen Ansichten über die Evolution, fehlte die naturwissenschaftliche Begründung.

Erst im 18. Jahrhundert tauchen bei einer Reihe von Naturforschern Gedanken zur Artumwandlung, zur Abstammung der Organismen auf, die als frühe Ansätze zu einer wissenschaftlichen Phylogenetik angesehen werden können. Wenn Linné in späteren Jahren seines Lebens eine Wandelbarkeit der Arten und die Artentstehung durch

Bastardierung für möglich hielt, so mag das als ein erster Schritt in Richtung auf die Abstammungslehre gedeutet werden. I. Kant (1724 bis 1804) deutet in seiner „Kritik der Urteilskraft" den Abstammungsgedanken an, z.B.: „. . . . wenn gewisse Wasserthiere sich nach und nach zu Sumpfthieren und aus diesen, nach einigen Zeugungen, zu Landthieren ausbildeten". Er hielt eine „Hypothese von solcher Art" jedoch für „ein gewagtes Abenteuer der Vernunft". Im Laufe des 18. Jahrhunderts unternommene Versuche, dieses „Abenteuer der Vernunft" zu wagen, blieben im Ansatz stecken und wurden nicht konsequent durchgeführt: P.-L. M. de Maupertuis (1698 bis 1759) und Erasmus Darwin (1731 bis 1802), Großvater von Charles Darwin, der die Ansicht vertrat, daß die Abstammung aller lebenden Wesen von einem einzigen Keim ausgegangen sein müsse, gehörten zu diesen frühen Evolutionisten. Lamarck scheiterte mit seinem 1809 veröffentlichten Abstammungskonzept, weil seine Vorstellungen von den treibenden Kräften der Evolution nicht haltbar waren (s. Kapitel 3). Erst Darwin konnte mit seiner Theorie der natürlichen Auslese auch für die Ursachen der Evolution ein überzeugendes Konzept vorlegen und somit die Grundlage für die moderne Abstammungslehre legen. Anregungen für seine Selektionstheorie erhielt Darwin durch das Werk „Essay on Population" von T. R. Malthus, in dem dargelegt wird, daß sich die menschliche Bevölkerung weit schneller vermehre als das Angebot von Nahrung und folglich eine hohe Sterblichkeit unvermeidlich sei.

Wichtige Voraussetzungen für Darwins Evolutionskonzept wurden von dem Geologen Ch. Lyell (1797 bis 1875) geschaffen: Er führte das Forschungsprinzip des A k - t u a l i s m u s in die Geologie ein, das davon ausgeht, daß die Ursachen der Veränderungen auf der Erdrinde in früheren Zeiten die gleichen waren wie heute und daß die Erde in ihrer heutigen Gestalt folglich als das Ergebnis eines fortdauernden natürlichen Prozesses anzusehen sei. Er lieferte Darwin mit der konsequent begründeten Behauptung, daß die Erde viele Millionen Jahre alt sein müsse, die Argumente für die Existenz von Zeiträumen, die für die natürliche Auslese notwendig sind. Noch Buffon (1707 bis 1788) hatte das Gesamtalter der Erde mit 80 000 Jahren angegeben.

Schließlich muß die endgültige Überwindung der Urzeugungsidee als Voraussetzung für die Abstammungslehre angeführt werden. F. Redi (1626 bis 1694) versuchte als erster, experimentell die Ansicht von der Urzeugung — der ständigen Entstehung von Lebewesen aus unbelebter Materie — zu widerlegen. Der Satz „Omne vivum e vivo" wird daher auch als „Redisches Prinzip" bezeichnet. Endgültig wurden die Urzeugungsvorstellungen jedoch erst durch L. Pasteur (1822 bis 1895) überzeugend als auf Irrtümern und Fehlbeobachtungen beruhend entlarvt.

1858 erhielt Darwin eine Abhandlung von A. R. Wallace (1823 bis 1913) „Über die Neigung der Varietäten unbegrenzt von dem ursprünglichen Typus abzuweichen". Die Gedanken von Wallace stimmten bis in Einzelheiten mit dem Darwinschen Konzept überein. Jetzt erst sah sich Darwin veranlaßt, gleichzeitig mit Wallace sein Werk zu veröffentlichen. Bei den Auseinandersetzungen um die Durchsetzung der Evolutionstheorie gehörte T. H. Huxley (1825 bis 1895) zu den profiliertesten Anhängern Darwins. In Deutschland war der Zoologe E. Haeckel (1834 bis 1919) der eifrigste Verfechter der Abstammungslehre. Das Schwergewicht von Haeckels Arbeit lag auf dem Gebiet der historischen Phylogenetik. Die phylogenetischen Abläufe der Vergangenheit wurden in Form von Stammbäumen dargestellt, die wegen großer Wissenslükken spekulative Elemente enthielten. Darwin selber stieß bei der Weiterentwicklung seiner Theorie auf Schwierigkeiten, u.a. weil er über die Ursachen der Variabilität keine klaren Vorstellungen hatte. Die Vererbungslehre war ihm noch unbekannt. Die grundlegenden Arbeiten von G. Mendel wurden erst um 1900 wiederentdeckt. In die letzten Auflagen seines Hauptwerks fügte Darwin lamarckistische Gedanken ein.

Die Verbindung von Abstammungslehre, Vererbungswissenschaft und Zytologie, als Voraussetzung für die Entwicklung der modernen Evolutionstheorie („N e o d a r - w i n i s m u s “), wurde von  A. Weismann (1834 bis 1914) angebahnt. Er unterschied klar zwischen Körperzellen (Somazellen) und Geschlechtszellen oder Zellen der Keimbahn. Die Zellen der Keimbahn wurden von ihm als die Träger der Vererbung erkannt. Sie werden von einer Generation auf die andere übertragen („Kontinuität des Keimplasmas“). Durch die Befruchtung kommt es zur Mischung des Erbguts beider Eltern („Amphimixis“), die zu Neukombinationen desselben führt. Nur die Zellen der Keimbahn überleben. Die Somazellen sterben mit jedem Individuum. Weismann führte Experimente durch, um zu beweisen, daß Außeneinflüsse nicht auf das Erbgut übertragen werden.

Die Wiederentdeckung der Mendelschen Vererbungsgesetze und der Aufschwung der genetischen Forschung in den ersten Jahrzehnten des 20. Jahrhunderts erbrachten eine wesentliche Basis für die Analyse der Evolutionsfaktoren und Evolutionsvorgänge. Anfangs waren Schwierigkeiten zu überwinden, die die Anwendung der Mendelgenetik auf Evolutionsprozesse zu unterbinden schienen. Die frühe Genetik arbeitete vorwiegend mit der Vererbung von Eigenschaften, die für die Evolution keine Bedeutung haben.

In den letzten Jahrzehnten hat sich die Abstammungslehre zur modernen synthetischen Theorie der Evolution entwickelt. Durch die Zusammenarbeit der verschiedenen, sich mit phylogenetischen Problemen beschäftigenden Disziplinen der Biologie und Paläontologie ist diese Synthese geschaffen worden. Wichtig hierfür war die Erkenntnis, daß die Evolution der höheren Kategorien ( t r a n s s p e z i f i s c h e  E v o l u - t i o n , s. Kapitel 11) nach den gleichen Gesetzmäßigkeiten vor sich gegangen ist, die für die  i n f r a s p e z i f i s c h e  E v o l u t i o n  und  S p e z i a t i o n  gelten.

Die synthetische Evolutionstheorie geht davon aus, daß die Individuen wohl die Träger des Lebens sind, Träger oder Einheiten der Evolution sind jedoch die Populationen und die Arten. Als Populationen bezeichnen wir die Gesamtheit der Individuen von sich geschlechtlich vermehrenden Lebewesen der gleichen Art, die zu gleicher Zeit im gleichen Raum leben, so daß sie sich potentiell miteinander sexuell vermehren können. Jede Population ist an bestimmte Bedingungen gebunden, an eine Umwelt, an die sie angepaßt ist.

Die synthetische Evolutionstheorie sieht in Weiterentwicklung von Darwins Prinzip der natürlichen Auslese das Zusammenwirken folgender Evolutionsfaktoren als Ursachengefüge für die Evolution der Organismen an: Mutabilität, genetische Rekombination, Gendrift, Selektion und reproduktive Isolation. Darüber hinaus können Genfluß von

einer Population zur anderen und Bastardierung (Zusammenbruch von Isolationsmechanismen) in Evolutionsvorgänge eingreifen.

Wenn in den folgenden Kapiteln Probleme der Evolutionsprozesse, der infraspezifi-
schen Evolution und des Speziationsvorganges dargestellt werden, läßt sich die — aus
Gründen der Übersichtlichkeit vielleicht wünschenswerte — getrennte Besprechung der
einzelnen Evolutionsfaktoren in aufeinanderfolgenden Kapiteln nur sehr bedingt
durchführen. Die Evolutionsprozesse bilden ein ineinandergeflochtenes, komplexes Gefüge, so daß die einzelnen Faktoren und ihr Wirken z.T. nur durch ihr Zusammenwirken mit anderen verstanden werden können.

# 7  Evolutionsfaktoren

## 7.1  Variabilität

Für die Variabilität der Iniduen einer Population sich geschlechtlich fortpflanzender
Lebewesen gibt es drei Ursachen:
1. die phänotypische Plastizität (Modifikabilität s. Abschn. 2.3)
2. die Mutabilität
3. die Rekombination.

### 7.1.1  Phänotypische Variabilität

Das komplizierte, sich selbst regulierende Gefüge der Funktionen und Strukturen jedes
Organismus steht in allen Phasen der Ontogenese in einer balancierten Wechselbeziehung mit seiner Umwelt. Zur Aufrechterhaltung dieses Zustands ist der Organismus in
der Lage, auf Veränderungen der Umwelt in geeigneter Weise zu reagieren. Die Fähigkeit der Lebewesen, mittels komplizierter Steuerungsmechanismen ihr inneres Milieu
bei wechselnden Außenbedingungen konstant zu halten, wird als H o m ö o s t a s i s
bezeichnet. Steuerungs- oder Regulationsvorgänge können physiologischer oder mor-
phogenetischer Art sein. Die letzteren sind die Ursache für die phänotypische Plastizität oder Modifikabilität. Die Herausbildung sämtlicher Eigenschaften aller für die jeweilige Art typischen Merkmale erfolgt unter dem Einfluß von Umweltbedingungen.
D.h. es werden nicht Merkmale vererbt, sondern die Fähigkeit, auf normale oder ano-
male Umweltreize in bestimmter Weise zu reagieren. Jede Art hat eine bestimmte
Reaktionsnorm. Jede phänotypische Variabilität hat folglich eine modifikatorische
Komponente. Der Einfluß von Umweltfaktoren bei der phänotypischen Ausprägung
von genetisch bedingten Merkmalen sei am Beispiel des sogenannten Russenkanin-
chens gezeigt. Für die typische Fellfärbung dieser Tiere ist ein Gen verantwortlich.
Am ganzen Körper ist das Fell weiß gefärbt, an der Schnauze, den Ohren und den
Füßen jedoch schwarz. Rasiert man das Fell am Ohr eines Tieres ab und hält das Tier
bei höherer Temperatur, so wächst weißes Fell nach. Zur Ausbildung des weißen Fells

kommt es nur bei höherer Temperatur, die normalerweise kühleren Temperaturen
ausgesetzten Körperspitzen werden schwarz.
Die einzelne Modifikation, „die erworbene Eigenschaft", hat keine evolutive Bedeutung, weil sie nicht erblich ist. Der Grad der Modifikabilität aber, die Reaktionsnorm,
ist im Genotyp verankert und unterliegt der Selektion (s. Kapitel 8).

### 7.1.2 Mutabilität

Die Selbstreproduzierbarkeit der lebenden Organismen ist eine Grundeigenschaft des
Lebens. Ob ein Lebewesen sich vegetativ oder sexuell fortpflanzt, stets beobachten
wir bei den neu entstandenen Individuen dieselben, für die betreffende Art charakteristischen Eigenschaften. Jede Art entspricht einem bestimmten Plan. Dieser Plan — die
Summe der Informationen für alle Eigenschaften des Organismus — wird also kontinuierlich von Generation zu Generation weitergegeben. Aus Erfahrungen mit Organismen, die sich sexuell vermehren, wissen wir, daß einzelne Merkmale frei kombinierbar
sind, der Träger der Erbinformation also keine unteilbare Einheit ist. Die genetische
Forschung hat uns nach und nach ein vollständiges Bild über die Struktur der Erbinformationsträger und den Mechanismus der Informationsübertragung verschafft. Die
klassische Genetik in der ersten Hälfte unseres Jahrhunderts erbrachte den Nachweis,
daß die Einheiten der Vererbung — die Gene — in den Chromosomen linear angeordnet
sind. Jede Art besitzt Chromosomen in einer für sie typischen Zahl und Form.

Die fadenförmigen Chromosomen befinden sich in den Zellkernen und teilen sich nach
einem genau festgelegten Mechanismus (Mitose). Die Mitose gewährleistet, daß die Träger der Erbinformation bei der Zellteilung gleichmäßig und vollständig auf die Tochterzellen weitergegeben werden (identische Reduplikation). Die höheren Pflanzen und
Tiere sind diploid, d.h. die Chromosomen liegen paarweise vor. Der gesamte Komplex
der Erbinformationsträger ist doppelt vorhanden.

Die Molekulargenetik hat in den letzten Jahrzehnten die materielle Struktur der Erbinformationsträger aufgeklärt. Die Information ist in den kettenförmigen Molekülen
der Desoxyribonucleinsäure (DNS) niedergelegt. Die DNS-Moleküle sind aus vielen
Nucleotiden aufgebaut. Diese Nucleotide kommen in vier verschiedenen Typen vor, die
sich in ihren Basen unterscheiden. Es handelt sich um die Purinbasen Guanin und Adenin
und die Pyrimidinbasen Cytosin und Thymin. Die unterschiedliche Reihung der vier
Nucleotide, die sogenannte Basensequenz in den DNS-Ketten, die aus 10 000 und mehr
Elementen bestehen können, stellt den Code dar, der die Anweisungen für die Realisierung bestimmter Eigenschaften enthält. In dieser aus vier Buchstaben bestehenden
Schrift ist der Gesamtplan der vererbbaren Eigenschaften jedes Lebewesens enthalten.

Der Weg von der spezifischen DNS-Sequenz zur Realisierung von Eigenschaften ist bis-
lang nur in wenigen Fällen und meist nur bruchstückartig aufgeklärt. Man weiß, daß
die Reihenfolge der Aminosäuren in Proteinmolekülen durch die Reihenfolge der DNS-
Basen bestimmt wird. Und zwar determinieren jeweils drei aufeinanderfolgende Basen
(Triplet) eines DNS-Stranges eine bestimmte Aminosäure. Als Vermittler tritt dabei die
Messenger-Ribonucleinsäure auf.

Notwendig für die Funktion der DNS als Informationsüberträger ist ihre Fähigkeit zur Selbstverdoppelung (Replikation). Die DNS-Moleküle sind nicht einfache Fäden, sondern bestehen aus zwei Strängen, die spiralig umeinander gewunden sind. Die beiden sich gegenüberliegenden Basen aller Einzelglieder der Doppelspirale sind paarweise durch Wasserstoffbrücken miteinander verbunden. Und zwar ist stets Adenin mit Thymin und Guanin mit Cytosin gepaart. Zur Verdoppelung öffnet sich die Doppelspirale reißverschlußartig, die Basenpaare werden getrennt und jede Base sucht aus dem vorhandenen Vorrat einzelner Nucleotide einen passenden Partner. Auf diese Weise entstehen neue Doppelspiralen mit der richtigen Basensequenz, denn es existiert ja in den Doppelspiralen strenge Komplementarität zwischen den Basenpaaren.

Mitose und DNS-Replikation sind die Mechanismen, die die Weitergabe der Erbinformation von Zelle zu Zelle, von Generation zu Generation gewährleisten. Die Konsequenz aus ständig reibungslosem Ablauf dieser Mechanismen wäre nun eine ewige Artkonstanz.

Die tatsächlich zu beobachtende große e r b l i c h e  V a r i a b i l i t ä t in jeder Population aller Lebewesen beruht auf Abänderungen der genetischen Information (Mutation), die in gewissem Umfang auftreten. Mutationen entstehen durch Fehler bei der identischen Reduplikation der Gene, d.h. durch Irrtümer, die bei der Replikation der DNS-Stränge auftreten und Änderungen in der Basensequenz bewirken. Einzelne Nucleotidpaare werden durch andere ersetzt, oder es treten Verluste oder Verlagerungen von Nucleotidpaaren auf. Als Folge davon ändert sich die Aminosäuresequenz des von dem betreffenden DNS-Molekül gebildeten Proteins. Die hierdurch bewirkte Änderung der Eigenschaften des Proteins schließlich kann sich im Phänotyp des von der Mutation betroffenen Individuums niederschlagen. Mutationen, die als DNS-Replikationsirrtümer innerhalb eines Gens auftreten, also innerhalb einer Folge relativ weniger Mononucleotide, die als Einheit bei der Ausbildung eines Merkmals mitwirken, werden Gen- oder P u n k t m u t a t i o n e n genannt. Ein bestimmter Zustand eines Gens wird Allel genannt. Durch Mutation wird aus einem Allel ein anderes. Ein Gen kann in verschiedener Weise mutieren, so daß eine große Zahl von Allelen existieren kann (multiple Allele).

Bei den C h r o m o s o m e n m u t a t i o n e n oder Chromosomenaberrationen haben wir es mit Veränderungen der Struktur des Chromosoms zu tun. Sie entstehen dadurch, daß Chromosomen auseinanderbrechen und in anderer Form sich wiedervereinigen. Es gibt verschiedene Typen der Chromosomenmutation: Defizienzen, Deletionen, Inversionen, Duplikationen und Translokationen. Als Defizienzen bezeichnet man den Verlust von Endstücken eines Chromosoms. Bei Deletionen ist ein Mittelstück innerhalb eines Chromosoms verlorengegangen. Inversionen entstehen, wenn Chromosomen an zwei Stellen auseinanderbrechen und das herausgebrochene Stück um 180° gedreht wieder in das Chromosom eingefügt wird. Bei Duplikationen wird ein Abschnitt des Chromosoms verdoppelt. Translokationen sind Verlagerungen von Chromosomenstücken in den Verband eines anderen Chromosoms.

Bei G e n o m m u t a t i o n e n wird die Zahl der Chromosomen verändert. Wenn einzelne Chromosomen überzählig sind oder fehlen, spricht man von Aneuploidie. Wird der ganze Chromosomensatz vervielfacht, haben wir es mit Polyploidie (Autopolyploidie) zu tun.

Mutationen sind prinzipiell ungerichtet; ihr Auftreten ist im Einzelfall zufällig und unvorhersehbar. An einzelnen *Genloci* derselben Art treten allerdings Mutationen in unterschiedlicher Häufigkeit auf. Es gibt also stabile und labile Gene. Auch die Allele einer Serie unterscheiden sich durch den Grad der Stabilität. Verschiedene Allele desselben Gens treten also verschieden häufig auf. Es gibt innerhalb des Genoms Einflüsse, die auf die Mutabilität einwirken. Sogenannte Mutatorgene kontrollieren die Mutationsraten anderer Loci.

Als häufig kann eine Mutante angesehen werden, die unter 10 000 Individuen einmal auftritt. – Dennoch ist wegen der hohen Zahl der Gene in einem Organismus (Für das Bakterium *Escherichia coli* nimmt man 2000 bis 4000 Genloci an, das Säugetiergenom besteht aus 1,5 bis 3 Millionen Loci.) die Wahrscheinlichkeit des Auftretens irgendeiner Mutation in jedem Individuum einer Population sehr groß. Nach H. J. Muller sollen beim Menschen 10 bis 40 % aller Geschlechtszellen in jeder Generation Träger einer neu entstandenen Mutation sein.

Durch verschiedene Umwelteinflüsse kann die Mutationsrate erheblich gesteigert werden. Muller gelang es 1927, die Mutationshäufigkeit bei der Essigfliege *Drosophila* auf das Vielfache der normalen Rate zu erhöhen. Ultraviolettes Licht und Temperaturerhöhung haben mutationsauslösende (mutagene) Wirkung. Durch eine Temperaturerhöhung um 10 °C kann die Mutationsrate um das 2- bis 3fache gesteigert werden. Von einer großen Zahl verschiedener chemischer Agenzien ist ein mutagener Effekt bekannt: z.B. Senfgas, Urethan und Formaldehyd. Im allgemeinen sind die künstlich induzierten Mutationen von derselben Art wie die natürlich entstandenen. Einzelne Mutagene steigern die Mutationsrate verschiedener Gene in unterschiedlichem Maß. Gezielte Mutationen hervorzurufen, d.h. bestimmte Gene in bestimmter Richtung zu verändern, ist nicht möglich. Eine besondere Wirkung hat Colchicin, das Alkaloid der Herbstzeitlose (*Colchicum autumnale*). Es greift so in die Kernteilungsvorgänge ein, daß es zu einer Chromosomenverdoppelung ohne Zellteilung kommt. Polyploidie kann auf diese Weise bei vielen Organismen gezielt hervorgerufen werden.

Welche Mutagene in der natürlichen Umwelt der Lebewesen für die Mutation verantwortlich sind, ist weitgehend unbekannt. Ein Teil der experimentell verwendeten Mutagene wirkt auch in der Natur. Die Temperatur spielt bestimmt eine Rolle, und ionisierende Strahlen treten ebenfalls in der Umwelt der meisten Organismen auf. Die natürliche Strahlung reicht allerdings nicht aus, die zu beobachtenden normalen Mutationsraten zu erklären.

Mutationen treten sowohl in somatischen Zellen als auch in Zellen der Keimbahn auf. Nur die letzteren werden vererbt und spielen als Evolutionsfaktor eine Rolle.

Die meisten Mutationen, die man beobachtet und genetisch analysiert hat, zeigten sich als vitalitätsmindernd. Das ist verständlich, denn jeder Genotyp befindet sich in einem ausbalancierten Gleichgewicht. Die Mehrzahl neu auftretender Mutationen, insbeson-

dere solche, die zu einer auffälligen Veränderung des Phänotyps führen, stören dieses
Gleichgewicht empfindlich. Mutationen mit nur geringem phänotypischen Effekt dagegen, die oft von den Genetikern übersehen wurden, dürften weniger vitalitätsmindernd
sein und hauptsächlich für die Vielfalt des Genepools der Arten verantwortlich sein.
Die meisten der durch Mutation neu entstandenen Allele sind zudem rezessiv gegenüber dem ursprünglichen Gen und wirken sich daher im Phänotyp nicht aus, wenn sie
bei diploiden Organismen im heterozygoten Zustande vorliegen. Ein großer Vorrat
rezessiver Allele trägt zur genetischen Vielfalt der Populationen diploider Organismen bei. Außerdem sind oft Genotypen mit starker Heterozygotie homozygoten Individuen überlegen ( H e t e r o s i s). Ursprünglich rezessive Allele können im Laufe
der Evolution dominant werden. Modifikatorgene beeinflussen die Expressivität anderer Gene.

Die meisten Eigenschaften eines Organismus werden durch das Zusammenspiel mehre-
rer Gene bewirkt ( P o l y g e n i e ). Additive Polygenie liegt vor, wenn jedes Gen der
Serie die Ausprägung eines Merkmals verstärkt. Die meisten Merkmale, die in variabler
Ausprägung auftreten – beispielsweise die Körpergröße –, werden additiv polygen ver-
erbt. Von komplementärer Polygenie spricht man, wenn ein Merkmal nur durch das
Zusammenwirken mehrerer verschiedener Gene realisiert wird. Die natürliche Fellfarbe
(„Wildfärbung") der Säugetiere ist ein bekanntes Beispiel für komplementäre Polygenie.

Die meisten Gene wirken bei der Ausbildung verschiedener Eigenschaften mit ( P l e i o-
t r o p i e ). So ruft die Mutante „vestigial" bei *Drosophila* sowohl Stummelflügel als
auch Veränderungen an den Halteren hervor. Außerdem werden einige normalerweise
anliegende Rückenborsten aufgerichtet. Schließlich verursacht „vestigial" eine Verkür-
zung der durchschnittlichen Lebensdauer und reduziert die Fertilität.

Auch in solchen Fällen, in denen ein Merkmal durch ein Gen hervorgerufen zu sein
scheint, läßt sich der regulierende Einfluß des gesamten Genotyps feststellen. Das sei
am Beispiel des Gordon-Kosswig-Melanom-Systems der lebendgebärenden Zahnkarpfen
stark vereinfacht dargestellt. In den Populationen des als Aquarienfisch bekannten
Platy (*Xiphophorus maculatus*) werden Tiere mit verschiedenen, aus sogenannten
Makromelanophoren bestehenden Fleckungszeichnungen beobachtet. Kreuzungsversuche innerhalb der gleichen Art zeigen, daß diese Merkmale monogen vererbt werden.
Kreuzt man Träger solcher Farbgene jedoch mit dem Schwertträger (*Xiphophorus
helleri*), so führt z.B. das Gen Sd, das beim Platy einen schwarzen Fleck in der Rückenflosse hervorruft, zu einer völligen Schwarzfärbung dieser Flosse. Wird dieser $F_1$-
Bastard mit dem Schwertträger rückgekreuzt, breitet sich bei den Trägern des Gens Sd

Fig. 7  Ausprägung des Gens Sd in *Xiphophorus maculatus* (links): schwarzer Fleck in der
Rückenflosse, und im Rückkreuzungsbastard mit *X. helleri* (rechts): Pigmentgeschwulst
(nach F. Anders, [1])

die Schwarzfärbung auf der ganzen dorsalen Region des Fisches bis zur Schwanzflosse aus, es entstehen maligne Melanome (Pigmentgeschwülste) (s. Fig. 7). Im Genotyp des Platy ist offenbar ein polygenes System regulierender Faktoren vorhanden, das die normale Differenzierung der Fleckungsmuster kontrolliert. Dem Schwertträger dagegen, der normalerweise keine entsprechenden Makromelanophorenflecke besitzt, fehlt dieses kontrollierende Gensystem.

Die genetische Forschung hat für viele Organismen komplexe hierarchische Systeme zur Regulation der Genwirkung analysiert. Es gibt übergeordnete Gene, die die Aktivität anderer Genkomplexe kontrollieren. Jedes Individuum, zumindest aller höheren Pflanzen und Tiere, trägt in seinem Genotyp die Potenzen für Merkmalskomplexe die nur während bestimmter Entwicklungsphasen bzw. unter bestimmten Umweltverhältnissen oder auch nie realisiert werden. Die Aktivierung solcher Potenzen kann direkt durch andere Gene, aber auch durch Hormone und andere Substanzen induziert werden. Den Einfluß von Umweltfaktoren auf die Aktivierung von Gensystemen zeigt uns die phänotypische Plastizität.


### 7.1.3 Rekombination

Die Grundlage für die erbliche Variabilität innerhalb einer Population wird, wie wir gesehen haben, durch die Mutabilität gelegt. Die aufgezeigten Mechanismen der Steuerung und Kontrolle innerhalb des Genotyps, die unterschiedliche Expressivität von Allelen in heterozygoter Kombination (mit dem häufigen Extremfall völliger Dominanz eines Allels) machen es verständlich, daß nur ein Teil der durch Mutation erzeugten genetischen Variabilität innerhalb einer Population im Phänotyp in Erscheinung tritt. Sich geschlechtlich fortpflanzende Organismen besitzen in der Rekombination einen zusätzlichen Mechanismus, der die Vielfalt der Genotypen extrem vergrößert.

Während der Reifeteilungen der Keimzellen (Meiose) kommt es zur Halbierung des (diploiden) Chromosomensatzes, indem sich die homologen Partner auf die (haploiden) Tochterzellen verteilen. Bei dieser Reduktionsteilung verteilen sich die nicht homologen Chromosomen väterlicher oder mütterlicher Herkunft rein zufällig. Nach der Befruchtung liegt wieder ein diploider Zygotenkern vor, bei dem die homologen Chromosomen neu kombiniert sind. Die Zahl der Kombinationsmöglichkeiten wird durch die Zahl der Chromosomen der jeweiligen Art bestimmt. Weiter erhöht wird der Umfang der Kombinationsmöglichkeiten durch das Crossover zwischen homologen Chromosomen. Während der Meiose kommt es zum engen paarweisen Aneinanderlegen der homologen Chromosomen (Synapsis). In dieser Phase treten Überkreuzungen auf, die zu wechselseitigem Austausch entsprechender Chromosomenteilstücke führen (Crossover).

Neukombination der Chromosomen und Crossover ermöglichen die Kombination von Mutanten, die in unterschiedlichen Individuen einer Population entstanden sind. Praktisch können nur auf diesem Wege neu entstandene Allele homozygot werden oder verschiedene Allele eines Locus kombiniert werden, denn es ist selbst über lange Generationenfolgen außerordentlich unwahrscheinlich, daß in einem Individuum zwei einander entsprechende Gene homologer Chromosomen mutieren. Wir wissen, daß alle höheren Organismen komplexe, hoch organisierte Genkombinationen besitzen, die sie im Laufe der Evolution erworben haben. Voraussetzung zu ihrer Entstehung ist außer der Mutabilität die Rekombination. Sowohl Crossover als auch Inversion und Translokation zeigen, daß die Wirkung eines Gens nicht nur von dem Genotyp beeinflußt wird, in dem es sich befindet, sondern auch von seiner Lage innerhalb desselben (Positionseffekt).

Vor allem bei *Drosophila* hat man beobachtet, daß Gene, die normalerweise dominant sind, ihre Dominanz verlieren, wenn sie in einer veränderten Genreihung liegen. In einigen Fällen führt die Abänderung der Genreihenfolge dazu, daß normalerweise stabile Gene sich so verhalten, als ob sie im Verlaufe der Entwicklung des Organismus häufig mutieren. Es kommt zu „Mosaikbildungen", wie z.B. Scheckungen bei Zierpflanzen. – Viele Merkmalskomplexe bei höheren Pflanzen und Tieren werden durch sogenannte „Supergene" bewirkt. Das ist eine Gruppe von Genen, die eine Funktionseinheit bilden und deswegen in einem Chromosom sehr eng beieinanderliegen. Die adaptive Entstehung solcher Supergene setzt die Rekombinationsmöglichkeit voraus. Die Anordnung der Gene in einem Chromosom, die komplexe Gesamtstruktur der Chromosomen ist ebenso wie der Aufbau komplexer Strukturen des Phänotyps ein Produkt der Evolution. Wegen der Bedeutung der Rekombination als Evolutionsfaktor erscheint es daher zweckmäßig, daß die überwiegende Mehrzahl aller Pflanzen und Tiere sich bisexuell fortpflanzt. Nur wenige Organismengruppen haben sekundär die Sexualität wieder verloren und reproduzieren sich ausschließlich uniparental, also eingeschlechtlich (parthenogenetisch), z.B. die Rotatorien-Ordnung Bdelloidea, oder vegetativ, z.B. Oligochaeten der Gattung *Aeolosoma*. Bei letzteren zeigt das Vorhandensein degenerierter Gonaden und sich nicht voll entwickelnder Keimzellen, daß der Verlust der Fähigkeit zu sexueller Fortpflanzung phylogenetisch sehr jung ist. Auch unter Süßwasserfischen sind einige sich ausschließlich uniparental fortpflanzende Formen bekannt. – Relativ verbreitet ist das Fehlen der Zweigeschlechtlichkeit bei einigen Gruppen von Einzellern. Die an einem Ort zusammen lebenden Individuen solcher Arten bilden einen Klon, sofern sie von einem einzelnen Individuum abstammen. Der Populationsbegriff ist hier nicht anzuwenden, da die Einheit des Genepools, die potentielle Panmixie, zu den Charakteristika der Population gehört.


Die extreme Uniformität uniparentaler Lebewesen demonstriert den Einfluß der Rekombination auf die Variabilität der Organismen. Jede genetische Variabilität beruht ausschließlich auf Mutabilität. Daß eine solche vorhanden ist, zeigte K.D. Kallman an dem uniparentalen Zahnkarpfen *Poecilia formosa* in einem nordamerikanischen Gewässersystem. Bei Individuen aus einer engen Region konnten unbegrenzt Gewebetransplantationen vorgenommen werden. Transplantationsversuche mit Fischen aus anderen Regionen führten zu Abstoßungen, die um so früher erfolgten, je weiter voneinander entfernt bzw. je stärker voneinander isoliert die Lebensräume von Wirt und Spender waren. Es handelt sich hier um Mutabilität von sogenannten Histokompatibilitätsgenen.

Ungeschlechtliche Fortpflanzung hat für die betreffenden Organismen zwar adaptive Bedeutung, doch ist sie letzten Endes eine evolutive Sackgasse.

Die Anwendung der Gewebetransplantation zeigt, daß sich genetische Variabilität auch in solchen Fällen feststellen läßt, in denen sie sich nicht phänotypisch manifestiert. Mit biochemischen Methoden und elektrophoretischer Trennung von Enzymen und anderen Proteinen konnte ein höherer Grad an Heterozygotie und ein starker Polymorphismus (s. Abschn. 8.3) vieler Enzyme nachgewiesen werden. Ein Polymorphismus der  Blutgruppen ist unter allen Wirbeltieren einschließlich der Fische vorhanden. Elektrophoretische Trennung von Enzymen deckte das Vorhandensein zahlreicher Isozyme verschiedenster Art in fast allen untersuchten Organismengruppen auf.

### 7.1.4 Gen-Duplikation

Die progressive Evolution der Lebewesen in Richtung auf höhere Organismen mit immer komplexeren Körperformen und Funktionen macht den zusätzlichen Erwerb neuer Genloci für bislang nicht existierende Funktionen notwendig. Solange eine notwendige Struktur oder Funktion des Organismus an ein Gen gebunden ist, wird jede Mutation dieses Gens, die diese Funktion beeinträchtigt, zu einer extremen selektiven Benachteiligung des betroffenen Individuums führen. Im Laufe der Evolution vieler Lebewesen sind sicher viele ursprüngliche Funktionen und Strukturen überflüssig geworden und verloren gegangen, so daß eine Anzahl von Genen neue Aufgaben übernehmen konnte.

Mit ihrer Anpassung an die Aufnahme organischer Nahrung verloren die Tiere die Fähigkeit, viele für den Stoffwechsel wichtige Substanzen selbst zu synthetisieren, z.B. die Fähigkeit zur Lysin-Synthese. Aber neue synthetische Fähigkeiten wurden statt dessen erworben. Die Zahl der neuen Funktionen ist wesentlich größer als die nicht mehr notwendigen. Die Evolution vom Einzeller zum hochorganisierten vielzelligen Organismus zeigt die Zunahme der Aufgaben des Genotyps. Diese Aufgabenerweiterung wurde durch den Erwerb neuer Genloci bewältigt und spiegelt sich in großen Zügen im DNS-Gehalt des Zellkerns wider. Sehr grob geschätzt kann man sagen, daß der DNS-Gehalt eines haploiden Kerns etwa proportional der Zahl der spezialisierten Zelltypen eines Tieres ist. Ein Organismus mit 100 Zelltypen benötigt also die 100fache genetische Information eines Einzellers. Extreme Ausnahmen zeigen, daß dies nur eine Faustregel sein kann. Die Zahl der Genloci von Bakterien, verglichen mit der Zahl der Säugergene, beträgt etwa 1 : 1000 (s. S. 34). Der haploide Chromosomensatz der Säuger enthält etwa 3,5 pg DNS (1 pg = $10^{-12}$ g). Die Vögel und die squamaten Reptilien haben etwa 2,3 pg im haploiden Chromosomensatz, das Lanzettfischchen (*Branchiostoma*) 0,6 pg und die Ascidie *Ciona intestinalis* 0,21 pg.

Die extrem großen Schwankungsbreiten der DNS-Menge bei Fischen (von 0,4 pg bei einigen Teleosteern bis zu 123,9 pg beim Südamerikanischen Lungenfisch, *Lepidosiren*) und Amphibien (4 bis 85 pg) spiegelt nicht das Evolutionsniveau wider.

Zwei Wege dürften zur progressiven Genomvergrößerung geführt haben: das wiederholte Entstehen von Duplikationen kurzer Segmente einzelner Chromosomen und Serien aufeinanderfolgender Polyploidisierungen. In beiden Fällen kommt es zur Verdoppelung von Genen. Eine der beiden Kopien dieser Gene ist für die ursprüngliche Funktion überflüssig und unterliegt folglich nicht mehr der natürlichen Auslese. In diesem Locus können Mutationen der verschiedensten Art frei entstehen. Das kann zu einer völligen Degeneration dieses Gens, zu einer funktionslosen Basensequenz führen, aber auch zur Entstehung neuer, bislang nicht vorhandener Funktionen. Koppelungen verschiedener Loci für das gleiche Enzym weisen auf Duplikationen hin. Als Hinweis dafür, daß Polyploidisierung in der Evolution der Wirbeltiere eine Rolle gespielt hat, wird die Tatsache angesehen, daß das Gen für die $\alpha$-Kette des Säugetier-Hämoglobins nicht mit dem Gen-Komplex der $\beta$-, $\delta$- und $\gamma$-Kette gekoppelt ist.

## 7.2 Gendrift

Als Gendrift werden zufallsbedingte Änderungen der Häufigkeit einzelner Genotypen innerhalb einer Population bezeichnet. Zufallsbedingt heißt, daß weder Mutabilität noch Selektion noch eine Einschränkung der Panmixie für die Änderung verantwortlich ist.

Der Mathematiker G. H. Hardy und der Genetiker G. Weinberg haben unabhängig voneinander im Jahre 1908 den Sachverhalt dargelegt, daß die Häufigkeit der Genotypen in einer heterozygoten Population der binominalen Verteilung folgt und daß eine anfangs vorhandene Variabilität über alle Generationen erhalten bleibt, sofern nicht äußere Einflüsse eingreifen. Man spicht heute in der Genetik vom H a r d y - W e i n b e r g - G e s e t z. Die Allele A und A' seien in der Häufigkeit p und q in einer Population vorhanden. Dann werden die Genkombinationen AA, AA' und A'A' in allen aufeinanderfolgenden Generationen in der Häufigkeit $p^2$, $2\,pq$ und $q^2$ auftreten. Entsprechend können die Häufigkeiten der diploiden Genotypen nach der multinominalen Verteilung errechnet werden, wenn mehr als zwei Allele vorliegen.

Die Hardy-Weinberg-Formel zeigt auch, daß Gene mit sehr geringer Frequenz vorwiegend in heterozygoter Kombination auftreten. Ideale Populationen, für die das Hardy-Weinberg-Gesetz uneingeschränkt gilt, gibt es nicht, denn Mutationen treten überall auf. Ebenso werden stets Selektionsfaktoren wirksam sein. Schließlich beruht das Hardy-Weinberg-Gesetz auf der Voraussetzung einer unendlichen Größe der Populationen und darauf, daß alle Paarungen innerhalb derselben rein zufallsbedingt sind. Keine der beiden Situationen ist in der Natur anzutreffen. Alle Populationen sind in ihrer Größe begrenzt und dadurch kann der Zufall als Evolutionsfaktor wirksam werden. Je kleiner eine Population ist, um so größer ist die Wahrscheinlichkeit, daß rein zufällig die Genfrequenzen verändert werden oder daß seltene Faktoren eliminiert werden. Zufallsveränderungen können nur in relativ kleinen Populationen als Evolutionsfaktor wirksam werden. Diese zufälligen Veränderungen der Genfrequenzen in einer Population werden Gendrift oder S e w a l l - W r i g h t - E f f e k t genannt. Drei Situationen sind möglich, in denen die Gendrift wirksam werden kann.

1. Die Populationen sind ständig zahlenmäßig klein. In jeder Generation entscheidet der Zufall, ob der Anteil einzelner Mutationen am Genepool der Population erhöht oder erniedrigt wird oder ob gar seltenere Genotypen eliminiert werden.

2. Die Größe einer Population wird in regelmäßigen Abständen oder durch gelegentliche Katastrophen verringert. Derartige Populationsschwankungen sind von sehr vielen Tieren bekannt; vorwiegend bei solchen, die eine schnelle Generationsfolge haben und sich stark vermehren. Ausfall von Nahrungsquellen, ungünstige Witterungsbedingungen führen zu extremer Verringerung des Bestandes. In solchen Katastrophen werden viele Individuen der betreffenden Population wahllos und unabhängig von ihrer Eignung umkommen. In diesen Engpaßsituationen wird die Gendrift wirksam und verändert die Zusammensetzung des Genepools.

3. Wenn sich von einer Population Tochterpopulationen abgliedern und neue Areale besiedeln, kommt es meist zu einer Veränderung der Genfrequenz. Häufig wird das neue Gebiet nur von wenigen besiedelt, die aus der ursprünglichen Population ausgewandert sind. Diese Gründerindividuen enthalten nur einen Bruchteil der genetischen Vielfalt des Genepools der Stammpopulation. Inselpopulationen vieler Tiere zeigen oft Abweichungen von der Stammart, die auf Gendrift, bedingt durch den „ G r ü n d e r - e f f e k t ", zurückzuführen sind. Extrem wirkt sich dieser Effekt bei Pflanzen und Tieren aus, die durch den Menschen verschleppt worden sind. Einige Individuen, die eine zufallsbedingte minimale Auswahl aus dem Genepool der Stammart mit sich tragen, begründeten wegen der fehlenden Konkurrenz in der neuen Umgebung oft riesige Populationen. Man denke an die Kaninchen in Australien oder die Verschleppung der Opuntien nach Südeuropa!

Ein anschauliches Beispiel für die Wirkung der Gendrift bieten die von C. Kosswig untersuchten Zahnkarpfen der Gattung *Aphanius*. In Gewässern Anatoliens findet man Populationen dieses Fisches, die eine große Variabilität hinsichtlich der Körperbeschuppung aufweisen. Neben Tieren, deren Körper normal beschuppt ist, gibt es solche, bei denen die Schuppen in Zahl und Größe stark reduziert sind. Zwischen diesen beiden Extremen findet man alle Übergänge. In einigen kleinen Bachläufen, die in den stark salzhaltigen Aci-See einmünden, gibt es voneinander isolierte Populationen dieses Zahnkarpfens, die sich jeweils durch einen bestimmten Beschuppungsgrad auszeichnen. Neben Kleinpopulationen mit schuppenreduzierten Fischen gibt es gut beschuppte und auch gemischte Populationen. Aus einer ursprünglich in dem See verbreiteten Großpopulation sind, nachdem dieser durch Zunahme des Salzgehalts für die Fische unbewohnbar wurde, Individuengruppen in die Bäche eingewandert, die jeweils nur einen zufallsbedingten Teil der „Beschuppungsgene" mit sich trugen.


## 7.3 Genfluß


Populationen freilebender Pflanzen und Tiere sind nur in sehr seltenen Fällen völlig von anderen Populationen der gleichen Art isoliert. Fast immer besteht die Möglichkeit, daß Individuen von benachbarten Populationen zuwandern können. Hierdurch wird die Zusammensetzung des Genepools stark verändert. Man nimmt an, daß wesentlich mehr neue Gene durch einen solchen Genfluß aus anderen Populationen in einen Genepool eingeführt werden, als durch Mutation direkt in derselben entstehen. Der große Einfluß des Genflusses auf die genetische Variabilität ist offensichtlich. In einigen Fällen läßt sich die Wirkung des Genflusses gut beobachten. Kleinsäuger haben in Gegenden mit dunklem Untergrund (Lavaflüsse) schwarze Rassen ausgebildet, während die normalen Wüstenpopulationen derselben Arten hell gefärbt sind. In Populationen, die den Lavarassen benachbart sind, zeigt das Vorhandensein dunklerer Individuen den Genfluß aus den Lavapopulationen.

## 8  Selektion und Anpassung

Mutation, Rekombination, Gendrift und Genfluß sind Ereignisse, die zu einer Vergrößerung der Vielfalt der Genotypen bzw. zu zufälligen Veränderungen ihrer Frequenz in einer Population führen. Sie sind dem Zufall unterworfen und ungerichtet und können folglich für sich allein keine Evolution bewirken. Als gerichteter Faktor tritt die natürliche Auslese, die Selektion hinzu. Sie ist die lenkende Kraft der Evolution.

Anschauliche Modelle für das Wirken der Selektion liefern Mikroorganismen mit so hoher Vermehrungsrate, daß unter geeigneten Kulturbedingungen ein Individuum innerhalb eines Tages Milliarden von Nachkommen hervorbringen kann, die nur in wenigen Millilitern Nährflüssigkeit leben. Bei *Escherichia coli* tritt eine Mutation, die dieses Bakterium gegen Streptomycin resistent macht, mit einer Häufigkeit von etwa $1 : 10^9$ auf. Unter normalen Bedingungen ist diese Mutante den nichtresistenten Zellen unterlegen, verbreitet sich also nicht in der Kultur. Wird das Antibiotikum Streptomycin in einer Konzentration von nur 25 mg/l Nährmedium zugesetzt, werden alle normalen Bakterienzellen abgetötet und nur die streptomycinresistenten Zellen kommen zur Vermehrung. In der neuen streptomycinhaltigen Umwelt wird diese Mutante zur normalen Form.

M. Demerec untersuchte die Ursachen der Penicillinresistenz von *Staphylococcus aureus:* Bringt man ca. 100 Millionen Individuen dieses Bakteriums in ein Nährmedium, das 1/10 Oxford-Einheit Penicillin je Milliliter enthält, so überleben nur einige wenige Zellen. Diese vermehren sich in dem penicillinhaltigen Medium. Wird jetzt die Penicillindosis in der Nährlösung verdoppelt, so wird wieder der größte Teil der Zellen vernichtet. Durch weitere stufenweise Erhöhung der Penicillinmenge erhält man schließlich Bakterien, die an Nährmedien mit 250 Penicillineinheiten je Milliliter angepaßt sind. – Derartige Phänomene des stufenweisen Resistentwerdens von Bakterien gegen bestimmte Pharmaka wurden anfangs von einigen Autoren lamarckistisch gedeutet. Scheinen sich doch die Bakterien allmählich an die erhöhte Konzentration des Antibiotikums anzupassen und diese „erworbene" Eigenschaft weiterzuvererben. Derartigen Spekulationen fehlt jede Grundlage.  Lederberg entwickelte eine Methode, die es ihm erlaubte nachzuweisen, daß die resistenten Mutanten unabhängig von dem Vorhandensein des Antibiotikums entstehen: Mit Hilfe eines runden Samtstempels, der genau in eine Petrischale paßte, wurden die Bakterienkolonien einer Schale verdoppelt. Einige Individuen jeder Kolonie blieben an dem Samt haften und wurden in ihrer ursprünglichen Lage auf eine zweite Schale übertragen. Nach Zugabe von Streptomycin zu einer der beiden Schalen starb der größte Teil der Kolonien ab, bis auf einige wenige, die resistent gegen dieses Antibiotikum waren. Jetzt wurden die Kolonien der anderen Schale, die vorher nicht mit Streptomycin in Berührung gekommen waren, auf Streptomycinresistenz geprüft. Es zeigte sich, daß nur die Bakterien der Kolonien resistent waren, die den überlebenden der anderen Platte entsprachen. Damit war bewiesen, daß die streptomycinresistenten Kolonien aus jeweils einer Zelle hervorgegangen sind, die die Resistenz durch Mutation erworben hatte, ohne daß sie mit Streptomycin in Berührung gekommen war.

Auch die Annahme einer Erhöhung der Mutationsrate für die Resistenzgene konnte widerlegt werden.

Die volle Penicillinresistenz von *Staphylococcus aureus* beruht auf additiver Polymerie. Die einzelnen Mutationen treten ungefähr in einer Häufigkeit von $1 : 10^8$ auf. Da die Mutationen zufällig und völlig unabhängig voneinander entstehen, ist die gleichzeitige Bildung von mehreren dieser mutierten Gene in einer Zelle extrem unwahrscheinlich. Durch scharfe Selektion aber ist ein Anhäufen dieser verschiedenen, gleichsinnig wirkenden Mutanten leicht zu erreichen. Ähnliche additive Selektionseffekte sind bei vielen anderen Mikroorganismen beobachtet worden. Auch die Insektizidresistenz vieler Schadinsekten beruht auf der additiven Wirkung mehrerer Resistenzfaktoren. Schon bald nach der Einführung von DDT wurden in verschiedenen Gegenden der Welt unabhängig voneinander entstandene DDT-resistente Populationen der Stubenfliege beobachtet.

Die geschilderten Resistenzphänomene zeigen modellartig, wie Mutabilität und Selektion zur evolutiven Anpassung an veränderte Umweltverhältnisse führen. Modellcharakter haben diese Beispiele insofern, als es sich um stark simplifizierte, ja geradezu schematisierte Extremfälle des Wirkens der Selektion handelt. Den Bakterien als einfach gebauten Organismen fehlen viele Eigenschaften, die bei hochorganisierten diploiden Eukaryonten den Evolutionsprozeß mit beeinflussen. Die Evolutionsmechanismen unterliegen selber der Evolution. Die Selektion ist in den seltensten Fällen eine Alles-oder-nichts-Entscheidung.

Darwin hat den Ausdruck „Kampf ums Dasein" nicht in dem Sinne verstanden haben wollen, daß es sich um einen direkten Kampf oder Konkurrenzkampf handele, der mit dem Tod des weniger Geeigneten ende. Er schreibt, daß er „diesen Ausdruck in einem weiten und metaphorischen Sinne gebrauche, unter dem sowohl die Abhängigkeit der Wesen voneinander als auch, was wichtiger ist, nicht allein das Leben des Individuums, sondern auch Erfolg in bezug auf das Hinterlassen von Nachkommenschaft einbegriffen wird". Heute definieren wir die Selektion als die unterschiedliche Veränderung des Anteils der Genotypen in einer Population aufgrund der unterschiedlichen Eignung ihrer Phänotypen, in der nächsten Generation vertreten zu sein. D.h., selektionsbegünstigt sind Individuen, die im Vergleich zu selektionsbenachteiligten relativ mehr Nachkommen hervorbringen, die ihrerseits wieder zur Fortpflanzung kommen. Die Selektion ist also quantifizierbar.

In geeigneten Fällen, vorwiegend im Laborexperiment, kann man den **A n p a s - s u n g s w e r t** W (= Adaptivwert, auch Eignung oder Fitness genannt) eines Geno-

typs relativ zum Anpassungswert eines anderen Genotyps bestimmen. Den Anpassungswert des bestangepaßten Genotyps setzt man $W = 1$. Für die nichtresistente Mutante in
den geschilderten Resistenzversuchen ist $W = 0$. In den meisten Fällen liegt W jedoch
zwischen 0 und 1. Zum Errechnen von W ist die Veränderung der Individuenzahl der
zu vergleichenden Genotypen einer Population von einer Generation zur anderen festzustellen, wobei die jeweilige Ausgangszahl unabhängig von ihrer absoluten Größe auf
100% festgesetzt wird. Der Genotyp A einer Population sei in der nächsten Generation
zu 105% seines Ausgangswertes vertreten, der Genotyp B jedoch nur zu 84%. Der Anpassungswert von A wird festgesetzt auf $W_A = 105/105 = 1$, der relative Anpassungswert von B ist $W_B = 84/105 = 0{,}8$.

Der  S e l e k t i o n s k o e f f i z i e n t  S  drückt den Nachteil aus, den ein Genotyp
durch die Selektion erfährt. S und W stehen im Verhältnis $S = 1 - W$ zueinander. Bei
erhöhtem Selektionsdruck auf einen Genotyp nimmt S zu und W nimmt ab.

Bei der Errechnung des Anpassungswertes bzw. des Selektionskoeffizienten bei sich
bisexuell fortpflanzenden diploiden Organismen tritt durch die Rekombination ein zu-
sätzlicher Faktor hinzu. Heterozygote Individuen repräsentieren neben den homozygoten einen eigenen Phänotyp. Der Anpassungswert eines Genotyps bestimmt die Frequenz anderer Genotypen mit. Hier ist bei der Errechnung der Anpassungswerte die
Frequenz der Genotypen zu berücksichtigen, die gemäß der Hardy-Weinberg-Formel zu
erwarten gewesen wäre. – In vielen Fällen ist der Selektionskoeffizient nicht zu errechnen, weil sich bei der Ausprägung eines phänotypischen Merkmals genetisch bedingte
und modifikative Komponenten überlagern und der Anteil, der dem Genotyp unter
den gegebenen Umweltbedingungen zuzuschreiben ist (Erblichkeit $h^2$), nicht zu ermitteln ist.

Die Selektion nimmt zwei einander entgegengesetzte Funktionen im Evolutionsprozeß
wahr. Die  s t a b i l i s i e r e n d e  S e l e k t i o n  erhält gegen den Mutationsdruck
die erreichten, unter den gegebenen Umweltbedingungen optimalen Anpassungen aufrecht. Sie verhindert den Zerfall des im Laufe der Evolution aufgebauten komplexen
Gleichgewichtsgefüges des Genotyps. Die  d y n a m i s c h e  S e l e k t i o n  (auch
transformierende Selektion genannt) dagegen, als die mobilisierende Form der Auslese,
führt zu evolutiven Veränderungen. Sie bewirkt eine Steigerung der Anpassung an vorhandene Umweltbedingungen oder sie führt zu Anpassungen an Veränderungen in den
Beziehungen zur Umwelt.

Da viele auftretende Mutationen das harmonische Gefüge des Genoms stören, sind sie
oft unabhängig von den jeweiligen Umweltbedingungen so extrem selektionsnegativ,
daß sie die Eignung $W = 0$ haben. Das trifft zu für Letalfaktoren, die zum frühen Absterben des Keims führen, aber auch für alle Mutanten, die verhindern, daß das betreffende Individuum fortpflanzungsfähig wird. Alle Mutationen, die starke Beeinträchti-
gungen wesentlicher Funktionen des Organismus bewirken, haben einen hohen Selektionskoeffizienten. Die natürliche Auslese kann jeweils nur bei einem kleinen Anteil
der Genloci eines Genotyps ihre dynamische Rolle als Träger der progressiven Evolution spielen. Beim größten Teil der Gene eines Genotyps wirkt die Selektion stabilisie-

rend und konservierend. Mutationen, die zu Veränderungen der für die Funktion eines
Enzyms wichtigen Aminosäurefrequenz führen, müssen schwere Schädigungen des betroffenen Individuums hervorrufen, so daß es der Selektion zum Opfer fällt. Als extre-
mes Beispiel sei das Histon IV genannt, in dessen Molekül die Sequenz der 120 Aminosäuren im Laufe der Evolution der Organismen nahezu unverändert geblieben ist. Das
Histon IV des Rindes unterscheidet sich von dem der Erbse nur durch die Substitution
von zwei Aminosäuren. Das Histon-IV-Molekül scheint also in seiner ganzen Länge eine
funktionell wichtige und in sich ausbalancierte Einheit zu sein, daß fast sämtliche im
Laufe der Evolution auftretende Mutationen der Selektion zum Opfer fielen.

Eine dynamische Evolution, die Anpassung an veränderte Umweltverhältnisse ist nur
möglich, wenn in den Populationen der Organismen ständig eine gewisse Variabilität
aufrechterhalten wird. Diese Variabilität wird durch die stabilisierende Selektion gewährleistet. Sie bewirkt eine Begrenzung der Variabilität, indem sie extreme Varianten
beseitigt. Die durch den Mutationsdruck und eventuell auch durch den Genfluß aus
Nachbarpopulationen vergrößerte Variabilität wird durch den Selektionsdruck auf ein
optimales Maß eingeschränkt, aber nicht übermäßig eingeengt. Mutationsdruck und
Selektionsdruck wirken also als Antagonisten an der Aufrechterhaltung der optimalen
Variabilität unter den jeweils gegebenen Umweltbedingungen. Die Wirkung der stabili-
sierenden Selektion demonstrierten  Bumpus (1898) und Grant (1972) an ame-
rikanischen Populationen des Haussperlings (*Passer domesticus*). Nach einem starken
Schneesturm wurden die umgekommenen Sperlinge mit überlebenden Individuen der
Population verglichen. Die überlebenden Tiere zeigten hinsichtlich einer Reihe von
Körpermaßen (Gewicht, Länge verschiedener Knochen u.a.) eine wesentlich geringere
Variation als die Tiere, die dem Schneesturm zum Opfer fielen. Die häufigsten und am
wenigsten vom Mittelwert abweichenden Varianten der Variationskurve besitzen im
allgemeinen die höchste Eignung.

Stabilisierende Selektion hält Populationen und Arten, die unter mehr oder weniger
unveränderten Umweltbedingungen leben und an diese optimal angepaßt sind, über
lange Generationenfolgen konstant. Die sogenannten lebenden Fossilien zeigen, über
welch extrem langen Zeitraum einige Formen ihren Phänotyp unverändert bewahrt
haben (s. Kapitel 14). Für diese Lebewesen scheint die Evolution zum Stillstand gekommen zu sein.

Die Selektion greift am Phänotyp an. Jede Veränderung des Genotyps, die zu ein-
schneidenden Veränderungen des Phänotyps im weitesten Sinne führt — also nicht
nur hinsichtlich morphologischer, sondern auch physiologischer und ethologischer
Eigenschaften —, unterliegt der stabilisierenden Selektion. Aber auch solche Veränderungen im Genotyp, die sich nicht im Phänotyp auswirken, sind möglich, wie z.B.
sogenannte „neutrale Mutationen". Wir wissen auch, daß homologen Strukturen nicht
immer die gleichen Gene zugrunde liegen. Die gleiche Funktion kann im Laufe
der Evolution des Genotyps von anderen Genen übernommen werden, die die gleiche
Wirkung auf die Ausprägung des Phänotyps haben ( T r a n s f e r   d e r   G e n f u n k-
t i o n ). Die morphologisch identischen Repräsentanten lebender Fossilien aus früheren Perioden der Erdgeschichte brauchen also im Genotyp mit ihren heutigen Nachfah-
ren nicht identisch gewesen zu sein. Die Übernahme der Funktion eines Gens durch

andere sei an der Mutante „eyeless" von *Drosophila melanogaster* gezeigt. Bei Tieren, die für dieses rezessive Gen homozygot sind, wird die Ausbildung der Facettenaugen unterdrückt. Das „normale" dominante Allel zu „eyeless" scheint also für die Augenausbildung entscheidend zu sein. Wenn man aber für „eyeless" homozygote Tiere über Generationen weiterzüchtet, treten wieder Fliegen mit normalen Augen auf, ohne daß etwa eine Rückmutation des „eyeless"-Gens stattgefunden hat. Während der Zucht dieses Stammes kommt es durch Neukombination des Gen-Komplexes zur schrittweisen Entstehung solcher Genotypen, bei denen andere Gene die Funktion des dominanten Allels zu „eyeless" übernehmen, wobei die Selektion in Richtung auf die Ausbildung von Phänotypen mit normalen Augen wirkt.

Das Auftreten von anscheinend nicht oder nur sehr unvollkommen angepaßten Formen in den verschiedensten Organismengruppen scheint dem universellen Wirken von Selektion und Anpassung zu widersprechen. Die Selektion setzt nicht isoliert an einzelnen Merkmalen an, sondern an Individuen, deren verschiedene phänotypische Eigenschaften im Gesamtkomplex des Genotyps verankert sind. Merkmale von positivem Selektionswert unter bestimmten Umweltbedingungen sind oft mit negativen oder überflüssigen Strukturen gekoppelt. Wenn der positive Selektionswert eines Merkmals den negativen Wert anderer überwiegt, werden nachteilige Eigenschaften in Kauf genommen. Die Selektion führt also zu einem Kompromiß. So brachte es die bei der Evolution der Säugetiere sich ausbildende Differenzierung des Gebisses mit sich, daß verlorengegangene Zähne nicht mehr unbeschränkt nachwachsen, sondern nur noch zwei Dentitionen ausgebildet werden. Der selektive Vorteil eines leistungsfähigen Gebisses ist offenbar größer als der Nachteil der nicht nachwachsenden Zähne.

Kompromisse in der Evolution treten auch auf, wenn verschiedene Selektionsdrücke auf die gleiche Struktur wirken. Viele Organe haben mehrere unterschiedliche Funktionen auszuüben. Es darf zu keiner optimalen Anpassung an eine dieser Funktionen kommen, wenn dadurch andere existenzwichtige Funktionen nicht wahrgenommen werden können. – Der Schnabel des Spechts könnte wahrscheinlich noch besser als Instrument zum Bau der Nisthöhle angepaßt sein, wenn er nicht gleichzeitig andere Aufgaben, z.B. die der Nahrungsaufnahme, zu erfüllen hätte.

Der Selektion unterliegen nur Merkmale, die bis zur Zeit der Fortpflanzung auftreten. Schädliche Strukturen, die bei Individuen ohne Fortpflanzungsfähigkeit vorkommen, haben für die Population keinen negativen Selektionswert, selbst wenn die betroffenen Individuen der „Selektion" zum Opfer fallen. Ausnahmen hiervon sind bei Tieren zu beobachten, die in festen Sozialverbänden leben, deren Glieder unabhängig von ihrer Fortpflanzungstätigkeit für den Erhalt der Gemeinschaft wichtig sind. In diesen Fällen greift die Selektion teilweise nicht am Individuum an, sondern an dem Sozialverband. Extreme Beispiele hierfür sind die staatenbildenden Insekten mit ihren an die Ausübung bestimmter Aufgaben wohlangepaßten Kasten nicht fortpflanzungsfähiger Tiere.

Individuen mit geringer Eignung fallen schnell der Selektion zum Opfer. Man trifft allerdings viele Träger negativer Mutanten häufiger an, als es nach der Mutationsrate zu erwarten wäre. Wie ist diese Erscheinung zu verstehen? Bei dominanten Mutanten mit der Eignung $W = 0$ entspricht die Frequenz ihres Auftretens innerhalb einer Population

tatsächlich der Mutationsrate des betreffenden Allels. Rezessive Allele aber, die im
homozygoten Zustand zu W = 0 führen, können sich als heterozygote in einer Population anreichern und werden durch Rekombination wieder homozygot auftreten. Selbst
bei sehr niedrigem Mutationsdruck wird ein solches rezessives Gen nicht durch die Selektion eliminiert werden. Wenn homozygote Träger eines rezessiven Merkmals mit der
Eignung 0 in einer Population mit der Frequenz $10^{-4}$ auftreten, wird es selbst beim
Fehlen jeder Neumutation 900 Generationen dauern, bis die Frequenz dieser negativen
Phänotypen auf $10^{-6}$ reduziert ist. Hier ist vorausgesetzt worden, daß die heterozygoten Individuen die gleiche Eignung besitzen wie die für das dominante Allel homozygoten Individuen. Oft haben jedoch heterozygote Individuen eine größere Eignung
als homozygote. Dieser sogenannte Heterosis-Effekt bewirkt den Erhalt von im homozygoten Zustand selektionsnegativen Mutanten (s.S. 35). Abgesehen von regelmäßigen (zyklischen) oder unregelmäßigen temporären Schwankungen bei vielen Lebewesen bleibt die Größe von Populationen in der Regel über längere Zeiträume ungefähr
konstant. Voraussetzung hierfür ist, daß sich die Überproduktion an Nachkommen
und die Einflüsse, die die Größe der Population einschränken — also in erster Linie
der Selektionsdruck —, im Gleichgewicht halten.

Nahezu alle Umweltfaktoren können als Selektionsfaktoren an der Regulierung der
Populationsstärke beteiligt sein. Abiotische Einflüsse, wie etwa Temperaturen, Trokkenheit und bei Wasserorganismen Schwankungen des Sauerstoff- oder Salzgehalts,
wirken genauso als Selektionsfaktoren wie die Begrenzung des Angebots an Nahrung
und Lebensraum. Schließlich haben Feinde, Parasiten und Krankheiten einen entscheidenden Anteil an der Reduzierung der Individuenzahl in den Populationen der
Lebewesen. Die enge Beziehung zwischen Räuber und Beute zeigt sich deutlich in der
gegenseitigen Beeinflussung der Zu- bzw. Abnahme der Populationsgrößen. Eine Zunahme der Beutetiere bedeutet größeres Nahrungsangebot für den Räuber und führt zu
einer verstärkten Vermehrung, die wiederum eine Reduzierung der Beutetiere zur Fol-

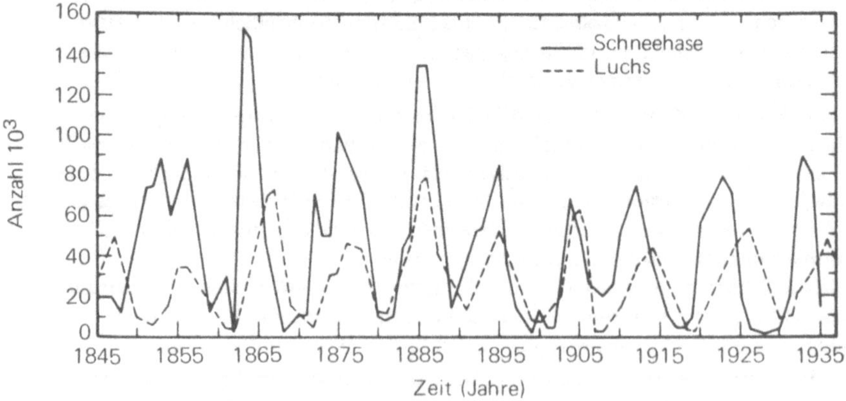


Fig. 8 Räuber-Beute-Wechselbeziehung: Populationszyklen des Luchses und seiner Hauptbeute,
des Schneehasen in Kanada. Die Ordinate gibt die Anzahl der Felle an, die an die Hudson
Bay Gesellschaft verkauft wurden (nach MacLulich aus Wilson/Bossert [29])

ge hat. Im „Idealfall" kommt es zu stabilen Oszillationen der Populationsgrößen von Räuber und Beutetier (s. Fig. 8). Jede Art ist in ihrer typischen Umwelt einem komplexen System von Selektionsfaktoren ausgesetzt. Folglich ist auch die jeweils t y p i - s c h e  V e r m e h r u n g s r a t e  eine selektionsbedingte Anpassung. Kleine Organismen, die als Plankter schutzlos im freien Wasser leben, haben eine extrem große Vermehrungsrate und schnelle Generationenfolge, um die Verluste auszugleichen. Auch bei sessilen Tieren, die im adulten Zustand durch Schalen, Panzer oder andere Mechanismen geschützt sind, deren pelagische Larven aber dem Zugriff von Feinden ausgesetzt sind, ist die Produktion einer zahlreichen Nachkommenschaft zur Aufrechterhaltung der Populationsgröße notwendig. Lebewesen dagegen, die wirkungsvolle Einrichtungen zum Schutze der Nachkommenschaft (Brutpflege, Viviparie) entwickelt haben, können in ihrer Vermehrungsrate ökonomischer sein. Tiere mit längerer Lebensdauer, die häufig stärkeren Veränderungen der Umweltverhältnisse ausgesetzt sind, reagieren mit adaptiven phänotypischen Modifikationen; sie haben also eine relative Unabhängigkeit von der selektiven Einwirkung vieler äußerer Faktoren erlangt. Der geringere Selektionsdruck bewirkt auch hier eine geringere Reproduktionsrate.

Die Bedeutung des Gleichgewichts der Wechselbeziehungen zwischen den Gliedern einer Biozönose (Lebensgemeinschaft) als wichtigster Träger des Selektionsdrucks zur Kontrolle der Populationsgröße wird durch Lebewesen demonstriert, die durch den Menschen in fremde Regionen verschleppt wurden. Aus dem regulierenden System ihrer Biozönose gerissen, ist es bei einigen Pflanzen und Tieren zu einer nahezu unkontrollierten Massenentwicklung gekommen, weil die natürlichen Feinde und Parasiten in der neuen Umwelt fehlten, der Eindringling seinerseits aber abiotische Umweltfaktoren und Nahrungsangebot des neuen Lebensraums nutzen konnte. Als Beispiel seien genannt die Verschleppung der Kanadischen Wasserpest (*Elodea canadensis*) und der Chinesischen Wollhandkrabbe (*Eriocheir sinensis*) in europäische Gewässer und die bewußte Einführung von Opuntien und Europäischen Kaninchen nach Australien. Die Opuntien überwucherten in Australien riesige Flächen, die als Weideland verloren gingen. Erst durch die Einführung des Schmetterlings *Cactoblastis cactorum*, dessen Raupe sich von den Opuntien ernährt, wurde die Plage beseitigt. Dieser Falter wiederum — selber ohne Feinde in der neuen Umwelt — rottete die Kakteen in Australien nahezu aus.

Dynamische Selektion führt zu einer Verbesserung der Anpassung an die jeweils herrschenden Umweltverhältnisse. Sie geht also der stabilisierenden Selektion voraus, die, wie wir sahen, den Zustand der optimalen Anpassung aufrechterhält. Dynamische Selektion als Triebfeder der Evolution ist immer dann wirksam, wenn die Umweltbedingungen sich ändern. Als drastisches Beispiel dynamischer Selektion haben wir die Resistenzerscheinungen kennengelernt. Im allgemeinen wird die Veränderung von Umweltbedingungen nur sehr langsam erfolgen, folglich auch die Anpassung der Lebewesen. Die evolutive Verbesserung der Anpassung einer Population an die gegebenen Umweltverhältnisse bzw. die Anpassung an veränderte Umweltfaktoren macht sich anfangs meist nur in einer geringen Veränderung der Frequenz einzelner Genotypen des Genepools bemerkbar. Der Selektionskoeffizient der verschiedenen Genkombinationen ändert sich. Bislang benachteiligte Genotypen können sich durchsetzen. Allele, die unter den bisherigen Verhältnissen benachteiligt waren, sich jedoch wegen ihrer Rezessivität im Genepool der Population erhalten konnten, können unter veränderten Bedingungen zu einer erhöhten Eignung ihrer Träger beitragen und dominant werden. Derartige Änderungen der Expressivität werden durch Umgruppierung des Genoms infolge von Rekombination erreicht (Positionseffekt), aber auch durch hinzutretende Modifikatorgene.

Besonders deutlich wird das Wirken der dynamischen Selektion in solchen Fällen, in denen auffällige, bislang seltene Mutanten in Populationen einer Art stark zunehmen. Der sogenannte I n d u s t r i e m e l a n i s m u s des Birkenspanners (*Biston betularius*) und einer Reihe anderer Schmetterlinge ist ein bekanntes Beispiel hierfür. Im Laufe der letzten 100 Jahre verdrängten in den Industriegebieten Englands und des europäischen Kontinents schwarze Formen dieser Schmetterlinge nach und nach die normalen hellgefärbten. In der Industrielandschaft haben die melanistischen Individuen augenscheinlich einen Selektionsvorteil gegenüber den hellgefärbten, die in Gegenden ohne starke Industrie weiterhin die betreffenden Arten repräsentieren. H. B. D. Kettlewell erklärt diese Erscheinung damit, daß auf flechtenbedeckten Baumstämmen die hellen Formen getarnt sind und nicht von ihren Feinden entdeckt werden. In der Nähe von Industriebetrieben dagegen sind die Flechten durch Rauch- und Gaseinwirkung abgestorben, die kahlen Baumstämme daher dunkel und außerdem rußgeschwärzt. Hier sind die dunklen Falter farblich angepaßt und können nicht von Vögeln entdeckt werden. Diese Erklärung des Industriemelanismus ist umstritten, an der Tatsache des Selektionsvorteils der melanistischen Mutanten dagegen gibt es keinen Zweifel.

Die Anpassung verschiedener Populationen derselben Arten an die jeweiligen geographischen Verhältnisse ist für viele Tiere und Pflanzen gezeigt worden. Nordeuropäische Populationen vieler Vögel und Säugetiere zeigen Anpassungen an kältere Temperaturen (Felldichte, Körpergröße und andere Merkmale) gegenüber ihren Artgenossen aus südlicheren Regionen. Neben einem starken modifikativen Anteil konnte in vielen Fällen eine genetische Komponente, also eine Wirkung der Selektion nachgewiesen werden.

Durch Laborexperimente konnte die Entstehung von Anpassungen an extreme Umweltbedingungen durch die Wirkung der Selektion modellartig wiederholt werden. Auf kleinen ozeanischen Inseln, die ständig dem Einfluß starker Winde ausgesetzt sind, gibt es zahlreiche flugunfähige Insektenarten mit rückgebildeten Flügeln. Unter „normalen" Verhältnissen stellt der Verlust der Flügel für Insekten der betreffenden Gruppe einen starken Nachteil dar. Entsprechende Mutanten fallen der Selektion zum Opfer. Auf ozeanischen Inseln werden fliegende Insekten durch die starken Winde über das Wasser geweht und kommen um. Die flügellosen Mutanten erhalten hier einen Selektionsvorteil. L'Heritier hat gezeigt, daß normalerweise gegenüber geflügelten Formen selektionsbenachteiligte flügellose Mutanten von *Drosophila* sich in Zuchtkäfigen, die starkem Wind ausgesetzt wurden, stärker vermehrten als die geflügelten Tiere.

## 8.1 Konkurrenz

Im Zusammenwirken mit den bereits erwähnten Selektionsfaktoren spielt die Konkurrenz eine wesentliche evolutive Rolle. Konkurrenz gibt es zwischen Angehörigen der gleichen Art ( i n t r a s p e z i f i s c h e   K o n k u r r e n z ), aber auch zwischen Vertretern verschiedener Arten ( i n t e r s p e z i f i s c h e   K o n k u r r e n z ). Zwischen beiden Formen der Konkurrenz gibt es einen prinzipiellen Unterschied. Innerartliche Konkurrenz führt immer zur Selektion, zur besseren Anpassung der Population. Interspezifische Konkurrenz kann zur Verdrängung oder zur Vernichtung einer der beiden konkurrierenden Arten führen. Ein direkter Kampf zwischen Angehörigen der gleichen Art führt bei höheren Tieren selten zum Tod eines der beiden Kämpfenden. Die Kämpfe sind ritualisiert. Vorhandene lebensbedrohende Waffen, wie das Gebiß der Raubtiere, das Gehörn von Paarhufern oder die Giftzähne von Schlangen, werden im innerartlichen Kampf nicht gefährdend eingesetzt. Angeborene Aggressionshemmungen gegenüber den eigenen Artgenossen, vom Sieger respektierte Demutsgesten des Schwächeren im Zweikampf sind erbliche Verhaltensweisen, die eine Dezimierung der eigenen Population verhindern. Einige Waffen, die speziell für den innerartlichen Kampf ausgebildet wurden, z.B. die Geweihe der Hirsche, sind so konstruiert, daß sie kaum tödliche Verletzungen verursachen können. Kämpfe mit artfremden „Feinden" dagegen werden nicht durch Hemmungen gebremst und enden daher oft tödlich.

In den meisten Fällen wird die Konkurrenz nicht im direkten Kampf ausgetragen, sondern zeigt sich indirekt durch gleiche Ansprüche an Umweltfaktoren wie Nahrung oder Brutplätze. Innerhalb einer Art ist eine solche Konkurrenz die Regel, da alle Individuen der gleichen Entwicklungsstadien die gleichen oder sehr ähnliche Ansprüche an die Umwelt stellen. Diesen innerartlichen, indirekten Konkurrenzkampf hat schon Darwin als wesentlichen Faktor der natürlichen Auslese angesehen. Wie beim direkten Zweikampf, gibt es auch bei der indirekten Konkurrenz innerhalb einer Population Regulationsmechanismen, die negative Auswirkungen auf die Gesamtpopulation verhindern. Revierbildung, die hauptsächlich bei den verschiedensten Wirbeltieren angetroffen wird, verhindert eine Übervölkerung und gewährleistet jedem Individuum bzw. Paar das nötige Nahrungsangebot und den nötigen Raum zur Aufzucht der Nachkommen.

Bei einer Reihe von Tieren besteht ein ausgesprochener Sexualdimorphismus, der sich in unterschiedlichen Ansprüchen an bestimmte Umweltfaktoren auswirkt. Beim Sperber (*Accipiter nisus*) z.B. besteht ein so starker Größenunterschied zwischen den Geschlechtern, daß Männchen und Weibchen unterschiedliche Beutetiere bevorzugen. Ein auffälliger Geschlechtsunterschied ohne Beziehung zur Fortpflanzung war bei dem Lappenhopf oder Huia-Vogel (*Heterolocha acutirostris*) ausgebildet. Dieser Vogel, der zu Anfang des 20. Jahrhunderts ausgerottet wurde, bewohnte die Wälder der Nordinsel Neuseelands. Das Männchen besaß einen relativ kurzen, spechtartigen Schnabel, mit dem es die Fraßgänge bestimmter Käferlarven aufmeißelte, ohne an die Larven selber zu gelangen. Das Weibchen mit seinem langen dünnen, sichelförmigen Schnabel – selber unfähig, Rinde oder Holz aufzuhacken – holte die Larven aus den Löchern (Fig. 9).

Fig. 9  Sexualdimorphismus beim ausgestorbenen Lappenhopf (*Heterolocha acutirostris*):
links: Männchen, rechts Weibchen (aus Eibl-Eibesfeldt [5])

Hier wurde aus innerartlicher Konkurrenz Zusammenarbeit. Einige Autoren vermuten, daß diese Überspezialisierung als „evolutive Sackgasse" Ursache für das Aussterben des Huia-Vogels war.

Jede Veränderung, die Individuen einer Population die Erschließung bislang nicht genutzter Gegebenheiten seiner Umwelt ermöglicht, verringert den Konkurrenzdruck und bietet folglich einen Selektionsvorteil. Veränderte Verhaltensweisen oder morphologische Veränderungen können z.B. die Nutzung neuer Nahrungsquellen ermöglichen. Geringfügige Verlängerungen des Rüssels können so Schmetterlingen Blüten mit tiefer liegenden Nektarien zugänglich machen. – Amseln und eine Anzahl anderer Vögel, die früher ausschließlich Wälder oder andere menschenferne Lebensräume bewohnten, haben seit einigen Jahrzehnten Garten- oder Stadtpopulationen ausgebildet und damit bislang nicht entsprechend genutzte menschennahe Räume genutzt. Die veränderten Formen sind dem Konkurrenzdruck ausgewichen, indem sie eine andere ökologische Nische eingenommen haben.

Der Begriff der ö k o l o g i s c h e n  N i s c h e  ist nicht räumlich zu verstehen; er bezeichnet das multidimensionale System der Wechselbeziehungen eines Tieres mit seiner Umwelt. Innerhalb eines Biotops nimmt jede Art ihre spezifische ökologische Nische ein. Das heißt, sie nutzt die Gegebenheiten ihrer Umwelt in der für sie typischen Art und Weise. Das betrifft die Nahrungswahl genauso wie die Auswahl von Aufenthalts- und Brutplätzen wie auch alle anderen denkbaren Beziehungen eines Lebewesens zu seiner Umwelt. Zwei im gleichen Gebiet vorkommende (sympatrische) Arten können nach dem K o n k u r r e n z - A u s s c h l u ß - P r i n z i p  (auch Monardsches Prinzip oder Gause-Volterrasches-Gesetz genannt) nicht die gleiche ökologische Nische einnehmen. Das heißt, eine Konkurrenz auf allen Ebenen der Umweltbeziehungen gibt es nur im intraspezifischen Bereich. Eine derartige Konkurrenz zwischen zwei Arten führt zur Verdrängung einer der beiden, denn es ist unwahrscheinlich, daß beide in jeder Hinsicht den gleichen Anpassungswert haben. Die Art mit dem geringeren Anpassungswert wird entweder völlig aus der betreffenden Region verschwinden oder der Konkurrenzdruck führt beim Vorhandensein einer entsprechenden Variabilität zu einer selektiven Bevorzugung solcher Genotypen, die eine andere ökologische Nische einnehmen können. Schon geringe Abweichungen in den Lebensansprüchen erlauben oft die sympatrische Existenz zweier verwandter Arten.

Bisweilen werden nahe verwandte Arten mit ähnlicher Lebensweise miteinander in gleichen Lebensräumen angetroffen. Ein bekanntes, vielfach untersuchtes Beispiel sind die Meisen der gemäßigten Regionen Eurasiens, die oft in gemischten Schwärmen zur Nahrungssuche durch die Wälder streifen. Es zeigt sich aber, daß jede der Arten ihren eigenen nahrungsökologischen Platz einnimmt. In Nadelwäldern, in denen die Weidenmeise (*Parus montanus*), die Haubenmeise (*P. cristatus*) und die Tannenmeise (*P. ater*) zusammenleben, sucht die Weidenmeise ihre Nahrung hauptsächlich in Stammnähe, die Haubenmeise in der Mitte der Zweige und die Tannenmeise nahe den Zweigenden. Stärker abweichend sind die ökologischen Nischen, wenn man die Gesamtheit der Vogelfauna in den Wäldern betrachtet. Dadurch, daß derselbe Lebensraum von den verschiedenen Arten in unterschiedlicher Weise genutzt wird, wird die interspezifische Konkurrenz niedrig gehalten. Arten, die in gewisser Nahrungskonkurrenz stehen, sind einander hinsichtlich der Brutplätze nicht im Wege, wenn die eine Höhlenbrüter ist und die andere ihre Nester in den Zweigen baut. Konkurrenz wird auch dadurch verringert, daß Arten, die in Jahreszeiten reichlichen Nahrungsangebots weitgehend gleiche Nahrung zu sich nehmen, während schlechter Zeiten auf verschiedene „Ersatznahrung" ausweichen. Solches Verhalten wurde für einige sympatrisch lebende Spechtarten nachgewiesen. Bei nahe verwandten Arten, die in vieler Hinsicht ähnliche Ansprüche stellen, führen bisweilen Größenunterschiede zur Konkurrenzvermeidung. Als Beispiel seien die beiden europäischen Wieselarten Hermelin (*Mustela erminea*) und Mauswiesel (*M. nivalis*) genannt. Häufiger ist das Ausweichen auf verschiedene Biotope. Das führt zur ökologischen Sonderung (Vikarianz, Stellvertretung). Als Beispiele hierfür seien Fichtenkreuzschnabel (*Loxia curvirostra*) und Kiefernkreuzschnabel (*L. pytyopsittacus*), Wiesenpieper (*Anthus pratensis*) und Baumpieper (*A. trivialis*) sowie Steinmarder (*Martes foina*) und Baummarder (*M. martes*) genannt. – Zur ökologischen Vikarianz im weitesten Sinne ist auch die Körperteilspezifität verwandter Ektoparasiten auf dem gleichen Wirt zu zählen. Die beiden auf dem Menschen parasitierenden Läuse der Gattung *Pediculus*, Kopflaus und Kleiderlaus, bieten hierfür ein Beispiel. – Im Gefieder vieler Vögel lebt oft eine größere Zahl von Mallophagen, die jeweils auf bestimmte Gefiederpartien beschränkt sind. Auf dem Flügelgefieder des Schwans lebt eine sehr helle Mallophagenart. Ihre Farbe schützt sie vor der Entdeckung. An Kopf und Hals des Schwans dagegen hat man dunkle, nahezu schwarze Mallophagen gefunden; hier würde die helle Farbe keinen Selektionsvorteil bringen.

In bergigen Gegenden sind verwandte Arten mit ähnlichen Lebensansprüchen auf verschiedene Höhenstufen verteilt. Der Feuersalamander (*Salamandra salamandra*) wird in den Alpen in einer Höhe von etwa 800 m vom Alpensalamander (*S. atra*) abgelöst. Der Schneehase (*Lepus timidus*) löst den Feldhasen (*Lepus europaeus*) ab und die Ringdrossel (*Turdus torquatus*) die Amsel (*T. merula*).

Die Bedeutung des Konkurrenzdrucks für die ökologische Einnischung zeigt sich daran, daß der Lebensraum in Gegenden, in denen der Konkurrent fehlt, erweitert wird. In Irland, wo der Feldhase fehlte, bewohnt der Schneehase auch das Flachland. Der in anderen Regionen Bäume meidende Wiesenpieper lebt in Island in Birkenwäldern; der Baumpieper oder entsprechende Konkurrenten fehlen dort. Der Buchfink (*Fringilla coelebs*) – überall in Europa in Laub- und Nadelwäldern verbreitet – ist auf Teneriffa

**Insektenfresser**

**Gemischtköstler mit Bevorzugung von Insektennahrung**

**Gemischtköstler mit Bevorzugung von pflanzlicher Kost**

**Pflanzenfresser**

Fig. 10  Anpassung der Schnabelform an die Ernährungsweise bei Geospizinen (nach Eibl-Eibesfeldt [5])

und Gran Canaria, wo der nahe verwandte Teydefink (*F. teydea*) die Nadelwälder bewohnt, auf Laubwälder beschränkt.

Die Möglichkeit und Fähigkeit, dem Konkurrenzdruck durch Erschließen neuer ökologischer Nischen auszuweichen, bietet einer Population Selektionsvorteile und bildet oft die Grundlage für weitere evolutive Veränderungen.

Die Darwin-Finken (Geospizinae) der Galapagos-Inseln (s. S. 20) haben sich auf den einzelnen Inseln an verschiedene Lebensweisen angepaßt und haben vor allem in der Form ihrer Schnäbel verschiedenartige Anpassungsmerkmale entwickelt. Ökologische Nischen, die in anderen Regionen, z.B. auch im südamerikanischen Herkunftsgebiet der Geospizinae, von anderen wohlangepaßten Vögeln eingenommen werden, waren hier noch nicht erschlossen, als diese Finken auf die Galapagos-Inseln verschlagen wurden. Ungenutzte Lebensräume und Nahrungsquellen wurden von diesen ursprünglich körnerfressenden Vögeln ausgenutzt und führten zu sehr unterschiedlichen Spezialisierungen: Boden- und baumbewohnende Formen entstanden. Neben Samenfressern und Insektenfressern gibt es nun Arten, die gemischte Nahrung zu sich nehmen. Manche Arten ernähren sich vorwiegend von Früchten und Blättern (Fig. 10). Die höchst spezialisierte Anpassung hat der Spechtfink (*Camarhynchus pallidus*) erlangt. Er ernährt sich von Insektenlarven, die er aus Bohrlöchern in Baumstämmen herausholt. Er hat also die ökologische Nische der Spechte eingenommen. Die evolutive Herausbildung des meißelförmigen Spechtschnabels und der langen Zunge war den Geospizinen nicht möglich. Der Spechtfink bricht Kaktusstacheln oder kurze Zweige ab. Mit diesen Instrumenten im Schnabel stochert er die Insektenlarven aus den Löchern (Fig. 11). Eine tiefgreifende evolutive Veränderung der Verhaltensweise, die zum Werkzeuggebrauch führte, erschloß eine Nahrungsquelle, die von den Spechten auf andere Weise genutzt wird.

Fig. 11  Links: Specht mit meißelförmigem Schnabel und langer Zunge, rechts: Spechtfink (*Camarhynchus*) mit Kaktusstachel im Schnabel (nach Eibl-Eibesfeldt [5])

Ähnliche Verhältnisse wie bei den Geospizinen findet man bei den Kleidervögeln (Drepanididae) der Hawaii-Inseln. Neben Insektenfressern mit kurzen oder längeren, gebogenen Schnäbeln gibt es Fruchtfresser und Körnerfresser, deren Schnäbel kräftig und dick sind, außerdem auch Blütennektar saugende Arten mit langen Schnäbeln und röhrenförmigen Zungen. Eine evolutive Anpassung von einer Ausgangsform an mehrere unterschiedliche Lebensweisen bezeichnet man als a d a p t i v e  R a d i a t i o n (s. S. 88). Sie kann nur dort erfolgen, wo ungenutzte, verfügbare Biotope die Möglichkeit zur Ausbildung ökologischer Nischen bieten.

Stark untergliederte Lebensräume erlauben die Ausbildung zahlreicher ökologischer Nischen und sind folglich artenreicher als einheitliche Regionen. Die Wälder beherbergen im allgemeinen eine vielfältigere Fauna als Grassteppen. In einem Korallenriff konnten zahlreiche vielgestaltige ökologische Nischen ausgebildet werden, wie es die verwirrend große Zahl verschiedenster tierischer Riffbewohner zeigt.

## 8.2  Erschließung ökologischer Nischen außerhalb des Wassers durch Fische

Für wasserbewohnende Tiere hängt die Zahl der möglichen ökologischen Nischen von den in den jeweiligen Gewässern gebotenen Nahrungsquellen, Laichplätzen und sonstigen Umweltbedingungen ab. Tiere, die die Fähigkeit entwickeln, einige ihrer Lebensansprüche außerhalb des Wassers zu befriedigen, und damit dem Konkurrenzdruck unter den Wasserbewohnern ausweichen, gewinnen einen starken Selektionsvorteil.

Fische haben vielfach auf verschiedenste Weise ökologische Nischen außerhalb des Wassers erschlosssen. Als Kiemenatmer sind sie auf den Sauerstoff des Wassers angewiesen. Gewässer, in denen Sauerstoffmangel herrscht, bieten keinen Lebensraum für Kiemenatmer. Fischen, die in der Lage sind, ihren Sauerstoffbedarf wenigstens teilweise aus der Luft zu decken, ist es möglich, in sauerstoffarmes Wasser vorzudringen. Auf unterschiedliche Art und Weise ist dieses Problem gelöst worden. In vielen Fällen erlauben stark durchblutete Regionen der Haut einen Gasaustausch. Beim Schlammspringer (*Periophthalmus*) z.B. dient die gefäßreiche Haut des Mundes und des Schlunds als zusätzliches Atemorgan. Die Labyrinthfische (Anabantoidei), Bewohner von Süßgewässern tropischer Regionen Asiens und Afrikas, haben an beiden Seiten des Kopfes labyrinthähnliche Atemorgane ausgebildet. Der Schlammpeitzger (*Misgurnus fossilis*) steckt sein Maul aus dem Wasser, um Luft zu verschlucken. Ein System feiner Blutgefäße in den Wänden einer Darmausbuchtung entzieht der Luft den Sauerstoff. – Die bei den meisten Knochenfischen als hydrostatisches Organ ausgebildete Schwimmblase schließlich wird von einigen Knochenfischen (z.B. dem Schmetterlingsfisch *Pantodon*) als zusätzliches respiratorisches Organ verwendet, da seine Wände stark durchblutet sind.

Viele Fische verstehen es, sich der Verfolgung durch Feinde zu entziehen, indem sie sich während der Flucht aus dem Wasser erheben. Die Fliegenden Fische (Exocoetidae) der Meere und die südamerikanischen Beilbauchfische (Gasteropelecidae) haben stark vergrößerte Brustflossen und andere morphologische Strukturen entwickelt, die es ihnen ermöglichen, über längere Strecken in der Luft über das Wasser zu gleiten.

Viele Oberflächenfische nehmen Nahrung auf, die an der Wasseroberfläche treibt, u.a. auch Insekten und andere Kleintiere, die in das Wasser gefallen sind. Forellen und viele andere Fische erbeuten über dem Wasser fliegende Insekten, indem sie aus dem Wasser springen. Eine andere Methode, als Wassertier an terrestrische Beute zu gelangen, hat der südostasiatische Schützenfisch (*Toxotes*) entwickelt. Er spuckt eine Reihe von Wassertropfen in einem scharfen Strahl aus dem Wasser. Bis zu einer Entfernung von etwa 1 m kann er damit gezielt Insekten zum Absturz auf die Wasseroberfläche bringen. Eine Rinne im Gaumendach und die fleischige Zunge sind die Hauptelemente des Schießmechanismus.

Auch in anderer Beziehung stehen Fische mit dem Luftraum über dem Wasser ökologisch in Verbindung. Fische, die in flachen Gewässern oder in den oberen Schichten tieferer Gewässer leben, haben auch Feinde außerhalb des Wassers. Farbliche Anpassung an den Gewässerboden schützt vor dem Gesehenwerden und hat einen hohen Selektionswert. Von dem Zahnkärpfling *Gambusia patruelis* gibt es eine hellgraue und eine dunkle Form. F. B. Summer führte ein Selektionsexperiment durch, indem er in großen Behältern mit hellem bzw. dunklem Untergrund jeweils eine gleiche Anzahl von hellen und dunklen Fischen den Angriffen fischfressender Vögel aussetzte. Im hellen Behälter wurden 61% der dunklen, aber nur 39% der hellen Fische weggefressen. Im dunklen Behälter waren innerhalb des gleichen Zeitraums nur 26% der dunklen und 76% der hellen Gambusen den Vögeln zum Opfer gefallen. Der Selektionswert der Schutzfärbung konnte damit eindeutig demonstriert werden. Eine auffällige Anpassung für die Kommunikation mit dem Luftraum hat der dicht unter der Wasseroberfläche schwimmende Vieraugenfisch (*Anableps tetrophthalmus*) ausgebildet. Er hat waagerecht unterteilte Augen, deren obere Hälfte stets aus dem Wasser ragt. An der Wasserlinie ist das Auge durch ein Epithelband geteilt, auch die Retina ist unterteilt. Die Linse ist so gebaut, daß die obere Augenhälfte zum Sehen in der Luft geeignet ist, während die untere, dickere Hälfte für das Sehen im Wasser konstruiert ist (Fig. 12). Der

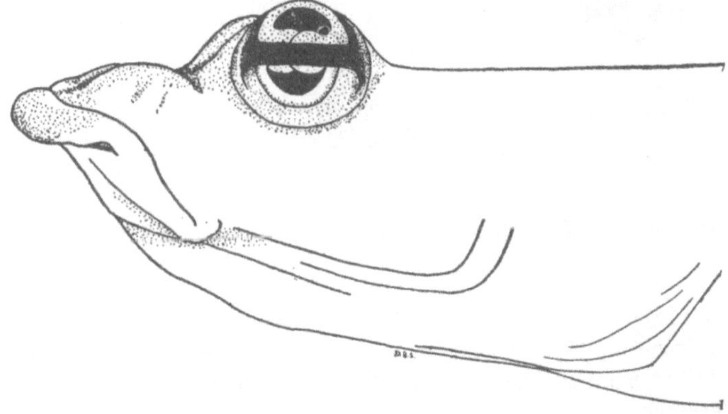

Fig. 12  Kopf des Vieraugenfisches (*Anableps tetrophthalmus*) mit waagerecht unterteiltem Auge
(nach L. P. Schultz [24])

komplizierte Sehmechanismus läßt diesen Fisch gleichzeitig Feinde in der Luft und im Wasser rechtzeitig erkennen. Der Schleimfisch (Blenniide) *Dialommus fuscus* hat ebenfalls ein geteiltes Auge entwickelt, das viele Übereinstimmungen mit dem *Anableps*-Auge zeigt. Dieser Küstenbewohner der Galapagosinseln sitzt senkrecht in Felstümpeln und steckt seine Schnauze aus dem Wasser. Sein Auge ist dementsprechend in dorsoventraler Richtung unterteilt (Fig. 13).

Auf Laichplätze außerhalb des Wassers sind zwei amerikanische Ährenfische *Leuresthes tenuis* und *Hubbsiella sardina* ausgewichen. *Leuresthes* laicht nachts zur Zeit der

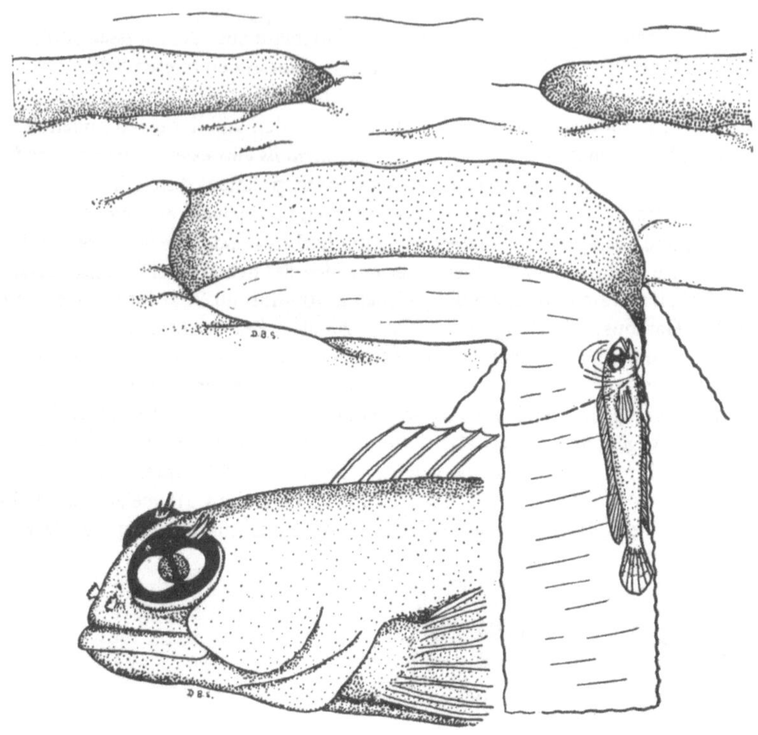

Fig. 13  Der Blenniide *Dialommus* mit senkrecht unterteiltem Auge (nach L. P. Schultz [24])

Springflut. Mit einer Flutwelle werden die Fische auf den Sandstrand gebracht, wo die Eier in einer Grube abgelegt und besamt werden. In etwa 5 cm Tiefe entwickeln sich die Eier und werden mit der nächsten Springflut zum Schlüpfen der Larven in das Meer zurückgespült.

Die weitestgehende Anpassung an ein Leben außerhalb des Wassers haben unter den Fischen die Schlammspringer *Periophthalmus* und *Boleophthalmus* sowie einige Schleimfische (Blenniidae) erreicht. Bei diesen Fischen sind die Flossen zur Fortbewegung auf festem Grund außerhalb des Wassers ausgebildet. Einrichtungen, die das Atmen außerhalb des Wassers ermöglichen, sind vorhanden. Fig. 14 zeigt die Ausbildung von Anpassungsmerkmalen eines an Felsküsten oberhalb der Wasserlinie Algen abgrasenden Blenniiden im Vergleich zu verwandten, die stets unterhalb der Wasserlinie bleiben. Die Flossen des ersteren sind an das Festhalten auf unebenem Gestein angepaßt. Das Seitenlinienorgan ist rückgebildet, ein Hautblutgefäßsystem zur zusätzlichen Luftatmung ist vorhanden. Schließlich kann der amphibisch lebende Fisch zum Schutz gegen blendendes Licht seine Pupille stark verengen.

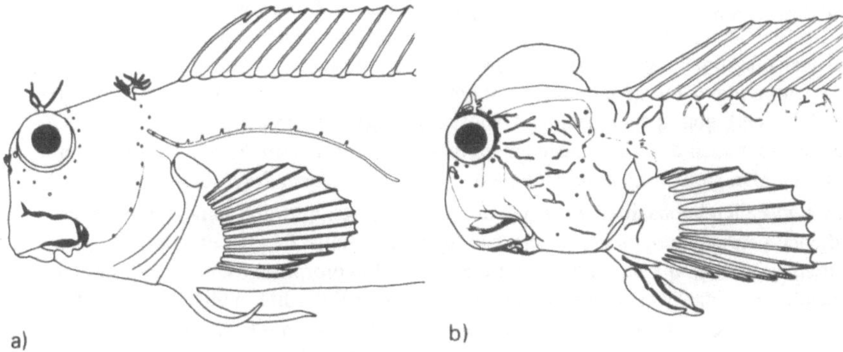

Fig. 14  Links: der Blenniide *Salarias fasciatus*, der im Sublitoral, also stets unterhalb des Wasserspiegels lebt; rechts: der amphibisch an steilen Felsen im Supralitoral lebende Blenniide
*Alticus kirki*. Zu beachten ist die unterschiedliche Ausbildung der Brustflossenstrahlen,
der Seitenlinie und der Hautblutgefäße (nach C. D. Zander [30])

## 8.3 Polymorphismus

Bisweilen wird das Wort Polymorphismus im weitesten Sinn für jede Variabilität innerhalb einer Population verwendet, also auch für verschiedene graduelle, gleitend inein-
ander übergehende Ausprägungen eines Merkmals. Präziser ist es jedoch, diesen Terminus in einer Bedeutung zu verwenden, wie es etwa in der von C. Kosswig vorge-
schlagenen Definition zum Ausdruck kommt: „Polymorphismus ist das regelmäßige
Auftreten mehrerer in der Regel diskontinuierlich verschiedener Phänotypen in einer
Spezies auf entsprechenden Entwicklungsstadien in der gleichen Generation und am
gleichen Ort. Bei bisexueller Fortpflanzung kann der Polymorphismus auf das eine Geschlecht beschränkt sein". Polymorphismus kann nach dieser Definition rein modifikativ bedingt sein. Die – durch den Genotyp gegebene – Reaktionsnorm ermöglicht bei
unterschiedlichen Entwicklungsbedingungen die Herausbildung deutlich voneinander
differierender Phänotypen. Hierher gehören z.B. die verschiedenen Individuentypen
hochorganisierter Tierkolonien, wie sie bei den Bryozoen anzutreffen sind. Aber auch
die Kastendifferenzierung z.B. der Termiten kommt bei gleichem Genotyp meist durch
unterschiedliche Ernährung zustande.

Die Formen des Polymorphismus, deren verschiedenen Phänotypen eine verschiedene
genetische Konstitution zugrunde liegt, sind hier im Zusammenhang mit dem Problem
Selektion und Anpassung zu besprechen. Dieser genetisch bedingte Polymorphismus
ist die auffallendste Form der Variabilität in jeder Population. Stabilisierende und dynamische Selektion führen zu Veränderungen der Häufigkeiten der einzelnen Morphen
und schließlich zur völligen Verdrängung derjenigen Genotypen mit geringerem Anpassungswert. Verschiedene geographische Rassen der gleichen Art unterscheiden sich oft

durch abweichende Häufigkeiten der gleichen Morphen. So überwiegt in Deutschland in den Flachlandpopulationen des Eichhörnchens (*Sciurus vulgaris*) die rote Form, in bergigen Gegenden dagegen ist die dunkle Mutante stärker vertreten. Geographische Gradienten in der Zusammensetzung polymorpher Populationen können auf der unterschiedlichen Eignung der einzelnen Genotypen bei verschiedenem Klima beruhen. Sie können aber auch das Vordringen einer Mutante mit positivem Selektionswert widerspiegeln. Man spricht in all diesen Fällen von transitorischem Polymorphismus.

In vielen Fällen beobachten wir einen durch den Selektionsdruck ständig aufrechterhaltenen permanenten oder balancierten Polymorphismus. In allen Populationen des Marienkäfers *Adalia bipunctata* findet man einen Polymorphismus, der sich im unterschiedlichen Flügeldeckenmuster manifestiert. Dieser Käfer hat in Mitteleuropa jährlich etwa drei Generationen. In der warmen Jahreszeit haben die schwarzen Formen einen Selektionsvorteil gegenüber den roten, während im Winter vorwiegend schwarze Mutanten zugrunde gehen. Die unterschiedliche relative Eignung unter verschiedenen Saisonbedingungen erhält den Polymorphismus dieser Art. Tageszeitlicher Rhythmus läßt den Polymorphismus einiger Arten der Tagfaltergattung *Colias* weiterbestehen. Von den beiden Weibchentypen dieser Schmetterlinge sind die weißen vorwiegend in den kühleren Morgen- und Abendstunden aktiv und werden zu dieser Zeit von den Männchen begattet, in den warmen Tagesstunden dagegen sind die orangefarbenen Weibchen aktiv.

In der menschlichen Bevölkerung weiter Regionen Afrikas ist das Sichelzellen-Gen ($Hb^s$) verbreitet. Dieses Gen führt im homozygoten Zustand bei verminderter Sauerstoffzufuhr zu einer sichelartigen Verformung der Erythrozyten, die eine schwere, meist schon im Kindesalter tödliche Anämie bewirkt. Der Anpassungswert liegt nah bei Null. Bei Heterozygoten kann eine schwache Anämie auftreten. Wider Erwarten bleibt dieses nachteilige Gen mit hoher Frequenz erhalten. Es zeigte sich, daß die Verbreitung des Sichelzellen-Gens mit der Verbreitung der durch *Plasmodium falciparum* hervorgerufenen Malaria tropica korreliert ist. Personen, die für das Sichelzellen-Gen heterozygot sind ($Hb^S Hb^A$), zeigen weitgehende Immunität gegen die Malaria im Vergleich zu Homozygoten für das normale Allel ($Hb^A Hb^A$). Der durch die Malaria bedingte Selektionsdruck gegen die normalen Homozygoten ($Hb^A Hb^A$) und der Selektionsdruck durch die Sichelzellen-Anämie gegen $Hb^S Hb^S$-Homozygote halten sich im Gleichgewicht. Der balancierte Polymorphismus zwischen den Allelen $Hb^A$ und $Hb^S$ wird aufrechterhalten, weil die Heterozygoten einen positiven Selelektionswert haben (Heterosis).

Gut untersucht sind Fälle von balanciertem Polymorphismus bei *Drosophila*-Arten. T. Dobzhansky stellte fest, daß bei *Drosophila pseudoobscura* Heterozygote für eine bestimmte Inversion im 3. Chromosom größere Vitalität — also Heterosis — zeigten als die beiden Homozygoten. Die Heterozygoten sind durch die an den Riesenchromosomen zu erkennenden Inversionsschlingen zu identifizieren. Der Selektionsvorteil liegt darin, daß in der Region der Inversionsschlinge ein gemeinsam wirkender Block von benachbarten Genen (ein „Supergen") aufgebaut werden kann, der jeweils geschlossen vererbt wird. Da in der Inversionsschlinge kein Crossover stattfinden kann, wird bei der heterozygoten Paarung die Möglichkeit einer Zerstörung dieses „Supergens" ausgeschlossen.

Eine Reihe von Tagfaltern — z.B. Angehörige der Familien Danaidae, Acraeidae, Helico-
niidae und Ithomiidae — werden wegen ihrer ungenießbaren und teils giftigen Körper-
säfte von insektenfressenden Vögeln gemieden. Vögel lernen recht schnell, diese
Schmetterlinge zu erkennen. Verschiedene Vertreter dieser Familien zeigen in gleichen
geographischen Regionen eine verblüffende Ähnlichkeit. Wenn ein Vogel einmal ge-
lernt hat, einen dieser Schmetterlinge zu meiden, sind alle Arten gleichen Aussehens
vor ihm geschützt. Die Ähnlichkeit einer Gruppe von ungenießbaren Arten bringt für
jede von ihnen einen Selektionsvorteil. Diese Erscheinung wird nach ihrem Entdecker
M ü l l e r s c h e   M i m i k r y  genannt. Als  B a t e s s c h e   M i m i k r y  dagegen
wird die Nachahmung von ungenießbaren Arten durch ungeschützte bezeichnet. Während der Mimikry-Ring bei Müllerscher Mimikry viele Arten umfassen kann, wird die
Batessche Mimikry wirkungslos, wenn die Zahl der Nachahmer im Vergleich zu den geschützten Modellen zu groß wird. Angehörige der erwähnten geschützten Familien werden von verschiedenen anderen Tagfaltern nachgeahmt. *Papilio dardanus* ist in Afrika
südlich der Sahara mit einer Reihe geographischer Rassen weit verbreitet. Die auffällig
gefärbten Männchen zeigen keine Mimikry. Auf Madagaskar und in Äthiopien sind die
Weibchen dem Männchen ähnlich. In anderen Regionen Afrikas ahmen die Weibchen
ungenießbare Schmetterlinge der jeweiligen Gegend nach. Der in Richtung auf immer
perfektere Nachahmung wirkende Selektionsdruck führt zum Aufbau eines polygenen
Systems. Die Stärke des Selektionsdrucks wird durch die Relation der Häufigkeiten
von Modell und Nachahmer bestimmt. In Regionen, in denen die Modelle zwanzigmal
häufiger vorkommen als die Nachahmer, ist die Ähnlichkeit zwischen beiden größer als
in Gegenden, in denen das Zahlenverhältnis von Modell und Nachahmer nur bei 4 : 1
liegt. Die Weibchen der meisten Populationen von *Papilio dardanus* ahmen jeweils verschiedene, z.T. sehr unterschiedlich gefärbte ungenießbare Danaiden oder Acreaeiden
nach. Wir haben es also mit unisexuellem Polymorphismus zu tun. Ermöglicht wird
dieser Polymorphismus dadurch, daß die Mehrzahl der für die Mimikry verantwortlichen Gene in einem Block (Supergen) auf einem Chromosom vereinigt sind, denn ausschließlich durch jeweils gemeinsame Vererbung können mehrere komplexe Gensysteme für die Nachahmung verschiedener Modelle aufrechterhalten werden. Die einzelnen
Supergene verhalten sich wie eine Serie von Allelen zueinander (Pseudoallele). Diese
Pseudoallele stehen hinsichtlich ihrer phänotypischen Manifestation meist in einem
hierarchischen Dominanzverhältnis zueinander. In Fällen, in denen intermediäre Vererbung vorliegt, fallen die in ihrem Phänotyp zwischen zwei angepaßten Mustern liegenden Heterozygoten der Selektion zum Opfer.

Unisexueller Polymorphismus im männlichen Geschlecht ist bei dem unter dem Namen Guppy als Aquarienfisch verbreiteten lebendgebärenden Zahnkarpfen *Poecilia
reticulata* zu beobachten. Eine große Zahl z.T. alleler, vorwiegend in den Geschlechts-
chromosomen lokalisierter Gene ruft unter der Wirkung der männlichen Sexualhor-
mone eine Vielfalt verschiedener Farbzeichnungen auf Körper und Flossen sowie
Flossenstrahlenverlängerungen in der Schwanz- und Rückenflosse hervor. Die biologische Bedeutung dieses Polymorphismus und die Mechanismen, die ihn aufrechterhalten, konnten bislang nicht überzeugend aufgeklärt werden.

## 8.4 Sexuelle Zuchtwahl

Bei einer Anzahl getrenntgeschlechtlicher Tiere der verschiedensten Gruppen ist ein
deutlicher Sexualdimorphismus vorhanden. In einem Geschlecht — vorwiegend bei den
Männchen — sind auffällige Strukturen, Färbungen und Verhaltensweisen zu beobachten, die keinen Anpassungswert zu haben scheinen. Diese exzessiv ausgebildeten sekundären Geschlechtsmerkmale sind für ihre Träger meist nutzlos oder sogar nachteilig. Im
Gegensatz zu den Weibchen derselben Arten, die durch ihre schlichte Färbung geschützt
sind, fallen die Männchen ihren Feinden sofort auf. Übermäßig große Körperanhänge
oder -fortsätze behindern die Tiere außerdem bei der Fortbewegung. Bekannteste Beispiele für derartig auffällige sekundäre Geschlechtsmerkmale sind die Prachtgefieder
vieler Paradisaeidae (Paradiesvögel). Die 43 Arten der Paradiesvögel (Verbreitungsgebiet sind Neuguinea und benachbarte Regionen) haben im männlichen Geschlecht eine
Vielfalt von „Luxusbildungen" des Gefieders in Form und Farbe entwickelt. Bei
den verschiedenen Arten sind z.T. unterschiedliche Gefiederpartien als Schleier,
Schleppen, Fächer und Kragen an der Gestaltung des Prachtkleides beteiligt. Bei der
Balz führen die Männchen jeweils arttypische Tänze auf. Bei einigen Arten hängen sie
sich mit dem Kopf nach unten an einen Zweig. Dabei werden die Schmuckfedern aufgerichtet, entfaltet oder aufgefächert. In ihrer Prachtentfaltung übertreffen die Paradiesvögel bei weitem die Pfaue, Fasane und Kampfläufer (*Philomachus pugnax*), die bei
Balz und Rivalenkämpfen ebenfalls besondere Gefiederkleider zur Schau stellen.

Prachtfärbungen der Männchen — oft gekoppelt mit auffälligem Balz- oder Rivalen-
kampfverhalten — ist auch in verschiedenen Fischfamilien verbreitet (z.B. bei den als
Aquarienfischen bekannten Anabantidae und Cichlidae). Wie bei dem dreistachligen
Stichling (*Gasterosteus aculeatus*), der nur während der Fortpflanzungsphase seine
typische Rotfärbung zeigt, sind auch bei vielen anderen Tieren die auffallenden sekundären Geschlechtsmerkmale nur zur Zeit der Balz entwickelt. — Als Beispiel für ex-
zessive sekundäre Geschlechtsmerkmale bei Säugetieren seien die Geweihe der Hirsche
und die blau und rot gefärbten Gesichts- und Gesäßpartien des Mandrill (*Mandrillus
sphinx*) genannt.

Die geschlechtliche Zuchtwahl, die sexuelle Selektion wurde von Darwin als Evolutionsfaktor erkannt, als besondere Form der Auslese, die für die Entstehung der scheinbar unzweckmäßigen sekundären Geschlechtsmerkmale verantwortlich ist. Diejenigen
Männchen, die am besten in der Lage sind, die Aufmerksamkeit der Weibchen auf sich
zu ziehen, haben die größte Aussicht, eine große Zahl an Nachkommen zu hinterlassen. Die Ergebnisse der Verhaltensforschung haben das Darwinsche Konzept weitgehend bestätigt. Die arttypischen sekundären Geschlechtsmerkmale und Werbezeremo-
nien wirken als auslösende Merkmale, als Schlüsselreize, die die Weibchen anlocken
und ihre Paarungsbereitschaft hervorrufen. Versuche mit übernormalen Attrappen
haben gezeigt, daß Übertreibungen der auslösenden Merkmale eine größere Wirksamkeit haben als die normalerweise vorhandenen Ausprägungsgrade derselben.

Auch bei den weitgehend ritualisierten Rivalenkämpfen ist die Wirksamkeit der Droh-
signale oft von ihrem Ausprägungsgrade abhängig.

Die bei der Balz die Paarungsbereitschaft der Weibchen auslösenden auffälligen Strukturen und Verhaltensweisen haben als Isolationsfaktoren eine zusätzliche Bedeutung (s. S. 70). Die Weibchen einer Art reagieren nur auf die typischen Reize der arteigenen Männchen. Bei sympatrischem Vorkommen verwandter Arten sind also ausgeprägte, unverwechselbare Merkmale wichtig zur Vermeidung von Bastardierungen. Die große Formenvielfalt der Paradiesvögel wird verständlich, wenn man weiß, daß z.B. in dem oberen Waghi-Tal im zentralen Hochland Neuguineas 21 Arten dieser Familie vorkommen.

# 9  Isolation und Artbildung

Isolation und Artbildung (Speziation) bilden weitgehend eine Einheit. Die Isolation zweier Populationen voneinander, d.h. die Unterbindung des Genaustausches zwischen denselben auch im Falle sympatrischen Vorkommens, gilt als Charakteristikum dafür, daß diese beiden Populationen zwei verschiedene Arten (Spezies) repräsentieren. J. Ray (1628 bis 1705) führte den Begriff der Spezies (infima species) aus dem System der Logik als basale Klassifikationseinheit, die er als Gruppe sich untereinander fortpflanzender Organismen definierte, in die Biologie ein. Im Titel von Darwins Hauptwerk („Über die Entstehung der Arten . . . ") wird die Art als zentrale Kategorie im System der Organismen hervorgehoben. Eine klare Definition des Artbegriffs gibt Darwin aber nicht. Heute besteht wohl allgemeine Übereinstimmung darüber, daß es Kriterien gibt, die die Art als objektiv vorhandene Organisationsform der Lebewesen charakterisieren. Eine eindeutige, auf jeden Fall anwendbare Artdefinition gibt es jedoch nicht. Da das Artproblem, die Definitionen und Abgrenzungen der systematischen Kategorie Art eng mit der Erforschung der Evolutionsprozesse verbunden sind, sollen hier zuerst Artbegriff und Artkriterien besprochen werden.

## 9.1  Artbegriff und Artkriterien

### 9.1.1  Morphospezies oder Phänospezies

Die weitaus größte Zahl aller Pflanzen- und Tierarten wird ausschließlich nach totem Museumsmaterial beschrieben und bestimmt. In all diesen Fällen stehen also nur morphologische, geographische und eventuell einige ökologische Kriterien zur Beurteilung der vorliegenden Objekte zur Verfügung. Eine Art wird definiert als „eine Gruppe von Individuen mit der größtmöglichen Zahl systematisch wichtiger morphologischer Übereinstimmungen". Intraspezifische Variabilität wird bei dieser morphologischen Artdefinition durchaus berücksichtigt. Diskontinuitäten in der Variabilität systematisch wichtiger Strukturen bezeichnen meist die Grenze zweier Arten. Eine Art hat im allgemeinen ein zusammenhängendes und begrenztes Verbreitungsgebiet, das selten mit dem einer anderen Art genau übereinstimmt. Das Auftreten von Polymorphismus bereitet Schwierigkeiten bei der Zuordnung verschiedener Individuen zu einer Art auf Grund morphologischer Kriterien. Bei Formen mit ausgeprägtem Sexualdimorphismus wurden und werden Männchen und Weibchen oft als verschiedene Arten angesehen. So hatte Linné die männlichen Stockenten als *Anas boschas* und die Weibchen als *Anas platyrhynchus* beschrieben. Morphologische Unterschiede verschiedener Entwicklungsstufen und das Auftreten von Generationswechsel lassen ebenfalls die Grenzen des morphologischen Artbegriffs erkennen: Die Larve der Aale wurde als eigene Gattung *Leptocephalus* angesehen; bei den Hydrozoen mit freier Medusengeneration war die Zuordnung von Polypen zu Medusen nicht möglich, so daß zum Teil noch heute getrennte Systeme mit unterschiedlichen Art-, Gattungs- und Familienbezeichnungen für beide Generationen verwendet werden.

In der gegebenen Definition der Morphospezies muß die Entscheidung darüber, welche Merkmale als systematisch wichtig anzusehen sind, subjektiv bleiben. Es liegt nicht nur an der mangelnden Kenntnis der möglichen Variabilität einzelner Arten, sondern auch an der unterschiedlichen Beurteilung der systematischen Bedeutung einzelner Merkmale durch verschiedene Spezialisten, ob zwei Individuengruppen einer Art zugeordnet werden sollen oder ob sie den Rang getrennter Arten erhalten. Nach Darwin sollte „die Meinung der Naturforscher von gesundem Urteil und reicher Erfahrung" maßgebend sein, „ob eine Form als Art oder als Varietät zu bestimmen sei". C. T. Regan (1878 bis 1943) definierte die Art als „eine Gemeinschaft von Lebewesen, deren Merkmale nach Ansicht des zuständigen Systematikers deutlich genug ausgeprägt sind, um ihr einen gemeinsamen Artnamen zu geben". In der Praxis der systematischen Biologie gibt es in allen Fällen, in denen mit totem Material gearbeitet werden muß, keine zufriedenstellende Alternative zu dieser willkürlich erscheinenden Artdefinition.

### 9.1.2 Paläospezies

Der Paläontologe kann in jedem Fall nur mit dem morphologischen Artbegriff arbeiten. Im allgemeinen sind die Arten durch Lücken in der fossilen Überlieferung gut gegeneinander abzugrenzen. In günstigen Fällen jedoch liegen lückenlose Serien im Laufe langer Zeiträume sich kontinuierlich verändernder Formen vor, z.B. bei Foraminiferen oder Ammoniten. In diesen Fällen ist eine objektive Artabgrenzung in der Zeitdimension unmöglich, obwohl die Endglieder einer solchen Serie, miteinander verglichen, eindeutig als verschiedene Arten im Sinne des morphologischen Artbegriffs zu bezeichnen sind.

### 9.1.3 Biospezies

Der biologische Artbegriff kennzeichnet die Art als evolutionstheoretisch begründete, objektiv vorhandene Verallgemeinerungseinheit. Bereits der Artdefinition von J. Ray liegt der biologische Artbegriff zugrunde. E. Mayr definiert Arten als „Gruppen sich tatsächlich oder potentiell kreuzender natürlicher Populationen, die von anderen solchen Gruppen reproduktiv isoliert sind". Genetisch gesehen ist die Art „die größte und umfassendste Fortpflanzungsgemeinschaft von sexuellen und kreuzbefruchteten Indivi-

duen, die zu einem gemeinsamen Genepool gehören" (T. Dobzhansky). In
diesen Definitionen kommt die genotypische Einheit der Art zum Ausdruck, die sich
im Phänotyp widerspiegelt. Im allgemeinen wird man also Morphospezies und Biospezies gleichsetzen können. Eine Art setzt sich aus Populationen (s. S. 39) zusammen.
Der mehr oder weniger starke Genfluß (s. S. 40) zwischen den in sich panmiktischen
Populationen erhält die Einheit der Art aufrecht. Bei endemischen Arten kleinerer Inseln
oder isolierter Seen und in einer Reihe anderer Fälle besteht die Art nur aus einer
Population. Einige Arten meist größerer, vom Aussterben bedrohter Tiere bestehen nur
aus relativ wenigen Individuen: Vom nordamerikanischen Trompeterschwan (*Cygnus
cygnus buccinator*) gab es vor einiger Zeit nur noch 47 Individuen. Generell umschließt
eine Art jedoch eine große Anzahl in Populationen zusammengefaßter Individuen.

### 9.1.4 Geschwisterarten (sibling species)

In den meisten nachprüfbaren Fällen zeigt es sich, daß Arten, die als Morphospezies beschrieben wurden, sich auch als „gute" Arten im Sinn der biologischen Artkriterien
erweisen. Bei den sogenannten Geschwisterarten dagegen fehlt die Übereinstimmung
zwischen morphologischen und biologischen Artkriterien. In den verschiedensten
Tierklassen finden wir Paare oder Gruppen von Arten, die morphologisch weitgehend
miteinander übereinstimmen, jedoch reproduktiv voneinander isoliert sind. Weidenmeise und Sumpfmeise, Fitis und Zilpzalp und die beiden Baumläuferarten (*Certhia
familiaris* und *C. brachydactyla*) seien als Beispiele für einander sehr ähnliche Artenpaare genannt, die nur sehr schwache, aber noch eindeutige morphologische Unterschiede besitzen.

Zwei nordamerikanische *Drosophila*-Arten, *D. pseudoobscura* und *D. persimilis*, wurden wegen ihrer morphologischen Ähnlichkeit als eine Art angesehen, bis im Kreu-
zungsexperiment gezeigt werden konnte, daß die Bastarde steril sind oder verringerte
Vitalität besitzen. Durch intensive Untersuchungen wurden dann auch minimale morphologische Differenzen zwischen den beiden Arten entdeckt. Ferner ist das Y-Chro-
mosom bei *D. pseudoobscura* J-förmig und das von *D. persimilis* V-förmig. Die Verbreitungsgebiete beider Arten überschneiden sich. *D. pseudoobscura* bevorzugt jedoch
mehr kontinentales Klima, während *D. persimilis* auf Regionen mit mehr ozeanischem
Klima im westlichen Nordamerika beschränkt ist (s. auch S. 73).

Das extremste Beispiel von Geschwisterarten bilden die Malaria-Mücken der *Anophe-
les maculipennis*-Gruppe. Sorgfältige Untersuchungen zeigten, daß es sich um sechs
verschiedene Arten handelt, die als Imagines nur sehr schwer auseinanderzuhalten sind.
Die als Eiflöße ausgebildeten Gelege lassen sich aber bei allen sechs Arten gut voneinander unterscheiden. Die Arten dieser Gruppe haben ökologisch unterschiedliche Ansprüche; nur zwei oder drei von ihnen übertragen Malaria.

### 9.1.5 Polytypische Arten

Jede Art als evolutive Einheit ist an bestimmte ökologische Bedingungen angepaßt. Die
einzelnen Populationen von Arten, die über größere Areale verbreitet sind, zeigen

ihrerseits Anpassungen an die jeweiligen besonderen Umweltverhältnisse (s. S. 48). Das können farbliche Anpassungen an das jeweilige Substrat sein — eine Erscheinung, die besonders auffällig bei den amerikanischen Hirschmäusen der Gattung *Peromyscus* ausgebildet ist. Bei dieser Gattung gibt es viele Zwischenstufen zwischen Rassen mit extrem hellem Fell und solchen mit fast schwarzem Fell, die auf weißem Gipsboden bzw. schwarzen Lavaflüssen leben (s. auch S. 42). Am häufigsten sind geographische Anpassungen an unterschiedliche Klimaverhältnisse. Wenn in solchen Fällen graduelle Merkmalsabstufungen auftreten, spricht man von T r a n s g r a d a t i o n e n , C h a r a k t e r g r a d i e n t e n oder „ C l i n e s ". Bei clinalen Variationen in Anpassung an ökologische Bedingungen sind gewisse Gesetzmäßigkeiten zu beobachten (s. S. 48). Diese werden als ökologische Regeln oder Klimaregeln bezeichnet. Am besten bekannt sind die für homoiotherme Wirbeltiere zutreffenden Klimaregeln von C. Bergmann, J. A. Allen und C. L. Gloger. Die B e r g m a n n s c h e R e g e l besagt, daß die durchschnittliche Körpergröße in kühleren Regionen zunimmt. Die dadurch bewirkte relative Verkleinerung der Körperoberfläche im Verhältnis zum Körpervolumen verringert die Wärmeabgabe. Zur Verkleinerung der Körperoberfläche führt auch das Kürzerwerden von Körperanhängen (Ohren, Schwanz usw.) bei Rassen kälterer Gebiete (A l l e n s c h e  R e g e l). Als G l o g e r s c h e  R e g e l wird die Erscheinung bezeichnet, daß Rassen in warmen und feuchten Gebieten dunkler pigmentiert sind als solche aus kühleren und trockenen Lebensräumen. Im ersten Fall sind die dunklen Pigmente (Eumelanine) stärker entwickelt, bei den Rassen der trockenen Gebiete die helleren braunen Pigmente (Phaeomelanine). Viele Ausnahmen zeigen, daß die ökologischen Regeln nicht als strenge Gesetzmäßigkeiten anzusehen sind. So wirken z.B. außer klimatischen Faktoren eine Reihe anderer Selektionsfaktoren auf die Körpergröße ein. Andererseits ist ein den Klimaregeln entsprechendes Verhalten nicht nur innerhalb von Arten zu beobachten, sondern auch bei verwandten Arten, die sich geographisch in verschiedenen Regionen vertreten. Der tropische Galapagos-Pinguin (*Spheniscus mendiculus*) wird nur 50 cm hoch, der antarktische Kaiserpinguin (*Aptenodytes forsteri*) dagegen 120 cm. Der Wüstenfuchs (*Canis zerdus*) hat im Vergleich zu dem Rotfuchs (*C. vulpes*) der gemäßigten Zonen sehr lange Ohren. Die Ohren des Polarfuchses (*C. lagopus*) sind extrem kurz (s. Fig. 15).

Fig. 15  Beispiel für die Allensche Regel. Links: Polarfuchs (*Canis lagopus*), Mitte: Rotfuchs (*C. vulpes*), rechts: Wüstenfuchs (*C. cerdus*), (nach P. Hertwig [9])

Nicht immer wird die geographische Variation innerhalb der Arten kontinuierlich
sein. In vielen Fällen sind die verschiedenen Populationen mehr oder weniger gegeneinander abgegrenzt, zeigen also Diskontinuitäten in der Merkmalsausprägung. Eine
Art ist also im allgemeinen in verschiedene geographische Rassen untergliedert. Wir haben es mit p o l y t y p i s c h e n  A r t e n oder R a s s e n k r e i s e n zu tun. Da
es an den Grenzzonen zweier Rassen zu Genaustausch (Genfluß) kommt, gibt es zwischen ihnen selten so scharfe Unterschiede, wie sie für verschiedene Arten typisch sind.
Unterscheiden sich zwei Populationen einer Art deutlich voneinander, bezeichnet man
sie als Unterarten (S u b s p e z i e s). Viele polytypische Arten sind mit einer Reihe
verschiedener geographischer Rassen oder Subspezies über weite geographische Regionen verteilt. Der Leopardfrosch (*Rana pipiens*) ist in Nordamerika in einer großen Zahl
geographischer Rassen weit verbreitet. Die Angehörigen benachbarter Populationen
sind in jedem Fall fertil miteinander bastardierbar. Kreuzt man jedoch Tiere aus dem
Norden des Verbreitungsgebietes der Art – z.B. aus Neu-England – mit solchen aus
dem Süden – z.B. aus Florida oder Texas –, sterben alle Bastarde schon auf frühem-
bryonalem Stadium ab. Die geographischen Extreme der Art verhalten sich also zueinander wie zwei verschiedene Arten im Sinne der biologischen Artdefinition. In einigen
Fällen beobachtet man in der Natur ein Überlappen der Endglieder von Rassenkreisen.
Die dann sekundär sympatrisch vorkommenden Rassen leben unvermischt nebeneinander wie zwei gute Arten. Die in Europa als getrennte Arten nebeneinander anzu-
treffenden Möwen *Larus argentatus* (Silbermöwe) und *L. fuscus* (Heringsmöwe)
sind Endglieder eines rund um den Nordpol liegenden Rassenkreises. – Sind die
geographischen Rassen eines Rassenkreises schon so stark voneinander isoliert, daß
ein Genaustausch zwischen ihnen kaum oder nicht mehr stattfindet, ist es oft schwer
zu entscheiden, ob getrennte Arten vorliegen. In solchen Fällen spricht man von Arten-
kreisen oder Superspezies. Die einzelnen Glieder dieser Artenkreise werden Semispezies
genannt.

### 9.1.6 Agamospezies

Der biologische Artbegriff läßt sich nur auf Pflanzen und Tiere mit geschlechtlicher
Fortpflanzung anwenden. Uniparentale Lebewesen (s. S. 37) können nur aufgrund
morphologischer Kriterien zu Arten zusammengefaßt werden. Das Fehlen der biparentalen Fortpflanzung ist zumindest bei allen Vielzellern ein abgeleiteter Ausnahmezu-
stand. Da durch den Verlust der Fähigkeit zu zweigeschlechtlicher Fortpflanzung die
weitere Evolution der betroffenen Lebewesen gehemmt wird, findet man kaum größere Gruppen uniparentaler Pflanzen oder Tiere. Eine der wenigen Ausnahmen sind die
bdelloiden Rotatorien. In dieser Ordnung, in der nur sich parthenogenetisch vermehren-
de Weibchen existieren, sind mehr als 200 morphologisch gut unterscheidbare Arten
bekannt. Das Entstehen und Fortbestehen einer begrenzten Zahl gut gegeneinander
abgrenzbarer Phänotypen ohne Existenz jeweils gemeinsamer Genepools ist schwer
zu erklären. Die Annahme, daß nur eine beschränkte Zahl verschiedener Phänotypen
(sogenannte „adaptive Gipfel") einen positiven Anpassungswert haben und die Zwischenformen der Selektion zum Opfer gefallen sind, muß unbefriedigend bleiben, da
sie das Entstehen der Variabilität ohne Rekombination nicht erklärt. Rekombination

bei parthenogenetischen Formen ist wohl möglich (Meiose mit anschließender Verschmelzung eines Richtungskörpers mit der Eizelle), jedoch sprechen bisherige Untersuchungen dafür, daß die Parthenogenese der Bdelloiden ameiotischer Natur ist.

In den meisten Fällen sind die uniparentalen Formen, die Agamospezies sehr jung. Ihre Abkunft von bestimmten Biospezies läßt sich meist nachweisen. Diese Agamospezies werden daher oft als Trabanten der betreffenden Biospezies bezeichnet.

Unter den Blütenpflanzen gibt es viele Formen, die sich ausschließlich vegetativ oder durch Selbstbefruchtung vermehren. Die Wasserpest (*Elodea canadensis*) vermehrt sich in Europa nur vegetativ. Bei einigen Pflanzen gibt es Formen mit obligater Kleistogamie. Nur Selbstbestäubung ist möglich.

Während sich im Pflanzenreich polyploide Formen oft zweigeschlechtlich fortpflanzen, führt Polyploidie im Tierreich meist zum Verlust der biparentalen amphimiktischen Reproduktion. Die diploiden Rassen (2 n = 42) des Salinenkrebschen (*Artemia salina*) sind meist zweigeschlechtlich, bei den tetraploiden Formen (2 n = 84) gibt es nur parthenogenetische Weibchen. Der im Strandanwurf unserer Küsten häufige Enchytraeide (Oligochaet) *Lumbricillus lineatus* vermehrt sich in seiner diploiden Form biparental hermaphroditisch wie alle „normalen" Oligochaeten. Daneben gibt es aber triploide Individuen, die sich uniparental fortpflanzen. Die Spermatogenese dieser Tiere ist gestört. Zur Entwicklung der triploiden Embryonen ist eine Kopulation mit diploiden Tieren notwendig. Die Spermien der diploiden Form sind für die Anregung der normalen Entwicklung Voraussetzung. Ein Austausch von Erbgut findet aber nicht statt. Die triploide Agamospezies — von den normalen diploiden *Lumbricillus lineatus* reproduktiv isoliert — kann jedoch nur in Gemeinschaft mit diesem leben.

Der in Europa weit verbreitete Regenwurm *Dendrobaena rubida* wird in Italien als diploide Art (2 n = 34) mit der Fähigkeit zu bisexueller Fortpflanzung angetroffen. Im Norden Europas dagegen tritt *Dendrobaena rubida* als tetraploide oder gar als hexaploide Form auf. Beide polyploiden Formen pflanzen sich rein parthenogenetisch fort. Ein Selektionsvorteil der polyploiden Formen unter kälteren klimatischen Verhältnissen hat hier zur Entstehung von uniparentalen Formen geführt. Eine völlige Störung der Fähigkeit zu sexueller Fortpflanzung beobachten wir bei kleinen, wasserbewohnenden Oligochaeten der Gattung *Aeolosoma.* Arten dieser Gattung vermehren sich ausschließlich asexuell durch Paratomie (s. S. 37). Auch hier dürfte Polyploidie die Ursache für den Verlust der Fähigkeit zu sexueller Fortpflanzung sein.

Der biologische Artbegriff, die Biospezies soll die Definition für die Art als objektiv vorhandene Organisationsform, als basale Verallgemeinerungseinheit der Lebewesen geben. Die Existenz der Agamospezies jedoch wirft die Frage auf, ob wir es hier mit Lebewesen zu tun haben, für die der Artbegriff nicht gilt, die nicht in Arten gegliedert sind. Bei Anwendung des morphologischen Artbegriffs aber ist jede Agamospezies einer Morphospezies zuzuordnen, d.h. das Auftreten als „Art" ist nicht auf sich bisexuell reproduzierende Organismen beschränkt. Der morphologische Artbegriff gibt nur Indizien für objektive Kriterien, denen der biologische Artbegriff zugrunde liegt. Trotz fehlenden Genaustauschs sind die wesentlichen Artcharakteristika auch bei Agamospezies erhalten geblieben: Auch Agamospezies sind durch eine einheitliche genetische Grundlage charakterisiert. Sie sind ökologisch und geographisch bestimmt, d.h. sie nehmen jeweils eine bestimmte ökologische Nische ein und besiedeln im allgemeinen ein begrenztes Territorium.

## 9.2 Historische Artumwandlung

Das Wirken dynamischer Selektion kann im Laufe langer Generationenfolgen zu derartigen Veränderungen von Lebewesen führen, daß weit auseinanderliegende Generationen solcher Stammesreihen als verschiedene Arten angesehen werden müssen. Es ist denkbar, daß die Evolution in einheitlichen, streng isolierten Lebensräumen — etwa auf Inseln — über lange geologische Zeiträume auf diese Weise vor sich geht. Neue Arten oder sogar Gattungen und höhere Einheiten entstehen ohne Artaufspaltung auseinander. Eine derartige historische Artumwandlung oder Progression nennt G. G. Simpson „phylogenetische Evolution". Die Artabgrenzung muß bei solchen kontinuierlichen Progressionsreihen willkürlich bleiben (s. S. 62 Paläospezies). Der biologische Artbegriff ist hier nicht anwendbar, da die Zeit als Separationsfaktor eine Prüfung auf das Vorhandensein einer reproduktiven Isolation zwischen voneinander getrennten Generationen nicht zuläßt.

Bei Foraminiferen und anderen kleinen Organismen mit harten Skeletten (s. S. 22) vor allem aber auch bei einigen Mollusken aus Binnengewässern, sind lückenlose Progressionsreihen als Beweise für die historische Artumwandlung bekannt.

## 9.3 Artaufspaltung und Isolationsmechanismen

Als Artentstehung oder Speziation im engeren Sinne ist die Artaufspaltung oder synchrone Artbildung anzusehen. Während bei einer Evolution ausschließlich auf dem Wege der historischen Artumwandlung die Zahl der einmal vorhandenen Arten konstant bliebe — vorausgesetzt, daß keine Art ausstirbt —, führt die Artaufspaltung zur Entstehung von jeweils zwei Arten (Schwesterarten) aus einer Art. Die ersten Schritte, die zu einer solchen Speziation führen, haben wir bereits in früheren Kapiteln kennengelernt (ökologische Einnischung, S. 50; polytypische Arten, s. Abschn. 9.1.5).
Die genetische Variabilität einer ursprünglich einen einheitlichen Lebensraum bewohnenden Art erlaubt die Erschließung neuer Regionen und neuer Biotype. Auf verschiedene Populationen einer Art wirken unterschiedliche Selektionsdrücke ein. Es entstehen geographische und ökologische Rassen, die sich hinsichtlich einzelner Merkmale oft deutlich voneinander unterscheiden. Solange aber noch ein Genfluß zwischen den Rassen einer Art stattfindet, bleibt die Einheit derselben erhalten. Jeder Art liegt ein harmonisch integrierter Genkomplex zugrunde. Die Gene des Genotyps jeder einzelnen Art stehen in harmonischer Wechselwirkung miteinander. Die Vielfalt und Variabilität innerhalb des Genepools einer Population oder einer Art wird begrenzt durch

die Fähigkeit der neu hinzutretenden Gene oder Mutanten, sich reibungslos in den Genotyp einzuordnen. Artbildung, Speziation bedeutet Neuorganisation des Genepools. Es werden zwei getrennte Gensysteme aus einem elterlichen erzeugt. Eine solche Neuorganisation ist nur möglich, wenn der Genfluß zwischen den Genepools zweier Populationen völlig unterbunden wird. Es muß eine vollständige S e p a r a t i o n stattfinden, d.h. das ursprünglich einheitliche Verbreitungsgebiet einer Art wird zerteilt. Veränderungen der Umweltbedingungen machen Regionen des ursprünglichen Verbreitungsgebietes einer Art für diese unbewohnbar. Drastische Beispiele hierfür bieten die Klimaveränderungen während der Eiszeit in Europa (s. S. 76). Für viele terrestrische Lebewesen bedeutet das Abtrennen von Inseln an Festlandküsten eine vollständige Separation. Ebenso werden Populationen von Süßwasserorganismen durch Trennung ursprünglich zusammenhängender Gewässer oder Gewässersysteme (z.B. durch Senkung des Wasserspiegels) voneinander separiert.

Oft wird die Entstehung von endemischen Arten auf Inseln und in Seen aber durch zufällige Verdriftung zustande gekommen sein. Verdriftung, Verschleppung und „Auswanderung" spielen als Separationsfaktoren eine große Rolle.

Eine Barriere, die bei einigen Bewohnern eines Biotops eine völlige Separierung der Populationen bewirkt, ist — in Abhängigkeit von den unterschiedlichen Verbreitungsmitteln der verschiedenen Lebewesen — für andere kein Hindernis. Durch einen Fluß z.B. werden die Populationen vieler Säugetiere völlig voneinander getrennt, während flugfähige Vögel ihn jederzeit überfliegen. Der Pollen windblütiger Pflanzen wird über Hunderte von Kilometern verweht, zoogame Pflanzen dagegen sind von dem Aktionsradius ihrer jeweiligen Bestäuber abhängig.

Schon vor der vollständigen Separation von Populationen einer Art wird der Genepool der verschiedenen geographischen Rassen unterschiedlich zusammengesetzt gewesen sein. Bei individuenarmen Populationen darf auch der Einfluß der Gendrift nicht unterschätzt werden. Aber erst die Separation erlaubt eine divergierende Evolution unter dem Einfluß unterschiedlicher Selektionsdrücke, die zum Aufbau unabhängiger Gensysteme führt. Während dieses eigentlichen Speziationsvorganges werden I s o l a - t i o n s m e c h a n i s m e n  entwickelt, die ein erneutes Vermischen der beiden Schwesterarten verhindern, wenn es sekundär wieder zu einem Zusammentreffen, zu einer Überlappung der Verbreitungsgebiete kommen sollte. Die Vielfalt der arttrennenden Faktoren wird meist nach dem Zeitpunkt ihres Wirksamwerdens eingeteilt in p r ä z y g o t e  und p o s t z y g o t e  M e c h a n i s m e n  oder in p r o g a m e und  m e t a g a m e. Also in solche, die eine Paarung bzw. Zygotenbildung verhindern, und solche, die erst nach der Paarung oder Zygotenbildung wirksam werden. Präzygote oder progame Isolationsmechanismen umfassen wiederum ökologische, zeitliche, ethologische und mechanische Faktoren.

Ö k o l o g i s c h e  I s o l a t i o n  liegt vor, wenn die beiden Populationen zumindest während der Paarungs- bzw. Reproduktionszeit unterschiedliche Biotope bewohnen, selbst wenn sie geographisch das gleiche Areal besiedeln. Als anschaulicher Extremfall seien zwei Zahnkarpfen der Gattung *Xiphophorus* genannt; beide nahe verwandten

Arten leben gemeinsam in derselben Region des Rio Panuco in Mexiko. Während
*X. montezumae* jedoch die Flachwasserzone mit relativ langsam fließendem Wasser be-
wohnt, trifft man *X. pygmaeus* im schnell fließenden Wasser am gegenüberliegenden
Steilufer an (s. Fig. 16).

Fig. 16  *Xiphophorus pygmaeus* (links) und *X. montezumae* (rechts) in verschiedenen Kleinbio-
topen eines Flusses in Mexiko (nach M. Gordon, aus W. Wickler [28])

Viele Blütenpflanzen haben ökologische Rassen herausgebildet, die unterschiedliche
Ansprüche an die Bodenverhältnisse stellen. Diese spezifischen ökologischen Anpassungen beruhen jeweils auf polygenen Systemen, so daß die Bastarde trotz Fehlens
sonstiger Isolationsmechanismen keine Lebenschance haben, weil sie an keinen der zur
Verfügung stehenden Bodentypen angepaßt sind.

Z e i t l i c h e   I s o l a t i o n durch verschiedene jahreszeitliche oder auch tageszeit-
liche Lage der Geschlechtsreife oder Paarungsbereitschaft ist sowohl im Pflanzen- als
auch im Tierreich weit verbreitet. Die beiden europäischen Unken (*Bombina bombina*
und *Bombina variegata*) z.B. sind in den Gebieten gemeinsamen Vorkommens durch
ihre unterschiedliche Fortpflanzungszeit voneinander isoliert.

E t h o l o g i s c h e   I s o l a t i o n s m e c h a n i s m e n  spielen im Tierreich eine
große Rolle. Das Auffinden und Erkennen der arteigenen Geschlechtspartner wird
durch optische, akustische, olfaktorische oder taktile Signale ermöglicht. Vor allem bei
höher organisierten Tieren geht der Kopulation eine oft sehr komplizierte artspezifische Balz voraus, durch die die Partner wechselseitig sexuell stimuliert werden. In vielen Fällen besitzt nur eins der beiden Geschlechter die Fähigkeit zum Erkennen der
arteigenen Geschlechtspartner. Die Männchen der Schmeißfliegengattung *Sarcophaga*
unternehmen wahllos Kopulationsversuche, auch bei artfremden Individuen, werden
aber nur von artgleichen Weibchen akzeptiert.

A u f f ä l l i g e   o p t i s c h e   I s o l a t i o n s m e c h a n i s m e n  haben wir bereits bei
den Paradiesvögeln Neuguineas kennengelernt (s. S. 61). – Die Männchen der
Schwimmentengattung *Anas* besitzen ein auffälliges, jeweils arttypisches Prachtgefieder, während die Weibchen aller Arten dieser Gattung weitgehend übereinstimmend
graubraun gefärbt sind. Auch die auffälligen Pigmentierungsmuster vieler Fischarten
dienen als optische Isolationsmechanismen. Die optische Signalwirkung wird oft durch
typische Imponierbewegungen während der Balz gesteigert.

A k u s t i s c h e   M e r k m a l e  zur Arterkennung sind bei Vögeln weit verbreitet.
In Mitteleuropa kennen wir einige im Aussehen einander sehr ähnliche Artenpaare,
bei denen der unterschiedliche Gesang als arttrennender Mechanismus wirksam ist:
Fitis und Zilpzalp, Wald- und Gartenbaumläufer, Sommer- und Wintergoldhähnchen.
Spezifische Lautäußerungen spielen auch bei anuren Amphibien und bei vielen Insekten (z.B. Laubheuschrecken, Grillen und Feldheuschrecken) eine große Rolle. Auch
die Klopfsignale der Spechte und mancher Insekten (z.B. Plecopteren) zeigen artspezifische Unterschiede.

O l f a k t o r i s c h e   S i g n a l e  zur Geschlechterfindung sind bei sehr verschiedenen Tiergruppen entwickelt. So erkennen sich z.B. die in ihrem Habitus z.T. extrem
unterschiedlichen Rassen des Haushundes an ihrem spezifischen Geruch als Artgenossen. Dagegen ist der in geringster Konzentration von den Männchen wahrgenommene
Sexualduft vieler Schmetterlingsweibchen nicht immer als Isolationsfaktor wirksam, da
er in vielen Fällen nicht artspezifisch ist. – Artspezifische Sexualstoffe sind für eine
Anzahl mariner Wirbelloser mit äußerer Befruchtung nachgewiesen worden. Mit den Ge-
schlechtsprodukten des einen Geschlechts wird eine Substanz in das Wasser abgegeben,
die das andere Geschlecht zum Ausstoßen seiner Geschlechtsprodukte veranlaßt.

M e c h a n i s c h e n   I s o l a t i o n s m e c h a n i s m e n  wurde früher eine große
Bedeutung als arttrennenden Faktoren in vielen Tiergruppen zugesprochen. Sind doch
bei vielen Insekten und Arachniden, aber auch bei einer Reihe anderer Tiere  mit inne-
rer Besamung, hochkomplizierte Genitalstrukturen ausgebildet (Fig. 17). Diese Kopulationsorgane zeigen bei weitgehender innerartlicher Konstanz von Art zu Art charakteristische Unterschiede. In vielen Fällen dienen sie dem Systematiker als wichtigstes
Bestimmungsmerkmal. Man glaubte, daß nur artgleiche Strukturen im Sinne eines

Schloß-Schlüssel-Mechanismus eine erfolgreiche Kopulation erlauben. Jetzt hat man jedoch erkannt, daß die Bedeutung von Genitalstrukturen als Isolationsmechanismen weit überschätzt wurde. Untersuchungen von A. Şengün am Seidenspinner (*Bombyx mori*) und anderen Schmetterlingen sowie an lebendgebärenden Zahnkarpfen (Poeciliidae) zeigten, daß verstümmelte und nach Amputation atypisch regenerierte Kopulationsorgane voll funktionsfähig sein können. – Für einige Gruppen ist ande-

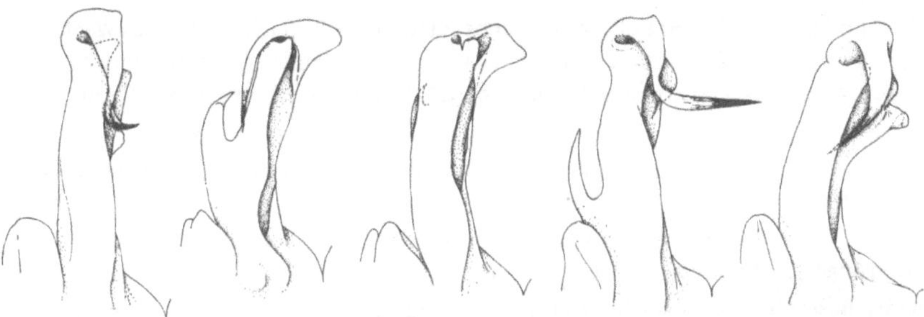

Fig. 17 Gonopoden von fünf Diplododenarten der Gattung *Syndesmogenus*: diese Genitalstrukturen sind bei jeder Art unterschiedlich ausgeformt (nach O. Kraus [11])

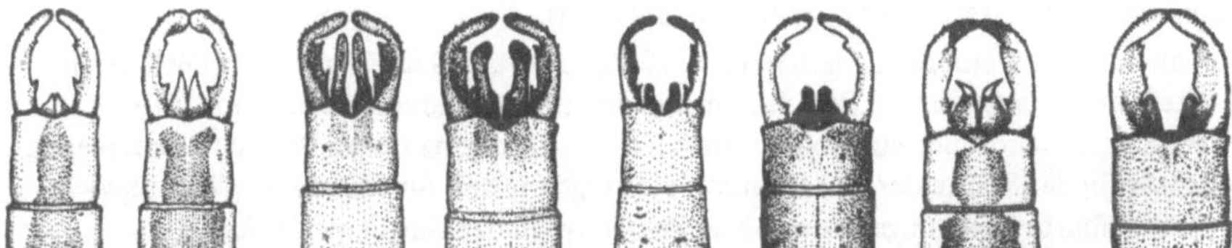

Fig. 18 Artunterschiede an den Hinterleibsanhängen von männlichen Kleinlibellen. Von links nach rechts: *Lestes macrostigma, L. barbarus, L. viridis, L. virens, L. dryas, L. sponsa, Sympecma fusca, S. paedisca* (aus P.-A. Robert [19])

rerseits die Bedeutung arttypischer Genitalstrukturen als Isolationsmechanismus erwiesen. Beobachtungen an Kleinlibellen (Zygoptera) haben gezeigt, daß die bei der Paarung zum Ergreifen der Weibchen dienenden Cerci artspezifische Unterschiede zeigen (Fig. 18). Nur der Griff arteigener Männchen wird von den Weibchen erduldet. Aber auch diese werden abgewiesen, wenn ihre Cerci gestutzt oder durch Lacküberzug in der Form verändert worden sind.

Die bisher besprochenen Isolationsmechanismen sind – je nach dem verwendeten Einteilungsprinzip – als präzygote oder progame Mechanismen einzuordnen. Präzygote, aber metagame Isolationsmechanismen zeigen die unterschiedliche Trennungslinie der beiden Einteilungsprinzipien. In vielen Fällen, in denen es zu einer Paarung und Besamung durch einen artfremden Partner gekommen ist, kommt es zu keiner Verschmelzung der Gameten; die Zygotenbildung unterbleibt. In der Gattung *Drosophila* wird eine „Besamungsreaktion" beobachtet, die sich in einem starken Anschwellen der Vaginawandungen und anschließendem Abtöten der artfremden Spermatozen bemerk-

bar macht. — Bei lebendgebärenden Zahnkarpfen der Familie Poeciliidae gibt es eine
Spermaspeicherung, d.h. die bei einem Kopulationsvorgang reichlich übertragenen
Spermien können mehrere Garnituren nacheinander heranreifender Eier befruchten.
Die Spermien werden im Ovidukt gespeichert und bleiben lebensfähig. Untersuchungen an der Gattung *Xiphophorus* haben gezeigt, daß artfremde Spermien eine wesentlich kürzere Lebensdauer im Ovidukt eines Weibchens haben und in Konkurrenz mit
den arteigenen deutlich benachteiligt sind.

Bei Blütenpflanzen stellt der Pollenschlauch bei artfremder Bestäubung oft das Wachstum ein, bevor er den Eiapparat erreicht hat. Auch ein langsameres Wachstum im Vergleich zum arteigenen Pollenschlauch kann schon als Isolationsmechanismus wirksam sein.

P o s t z y g o t e   I s o l a t i o n s m e c h a n i s m e n   können auf verschiedene Weise
wirksam werden.

1. Die $F_1$-Bastarde sterben vorzeitig ab oder zeigen im Vergleich mit den Elternarten
einen verringerten Anpassungswert.

2. Die $F_1$-Bastarde sind als solche wohl voll lebensfähig, sie können den Elternarten
in ihrer Vitalität sogar überlegen sein, sie sind jedoch vollständig oder teilweise steril.

3. Die Nachkommen fertiler $F_1$-Individuen — also die $F_2$-Generation oder die Produkte der Rückkreuzung mit einer der beiden Elternarten — sind lebensunfähig, vitalitäts-
gemindert oder steril (Hybridenzusammenbruch).

In allen Fällen beruhen die auftretenden Störungen auf Gendisharmonie. Die beiden
miteinander bastardierten Populationen haben in divergierender Evolution unterschiedliche Genotypen ausgebildet. Der Grad der Divergenz zweier Populationen spiegelt
sich oft in der Stärke der auftretenden Störungen wider. So zeigten von W. Villwock
durchgeführte Kreuzungsversuche mit Zahnkarpfen der Gattungen *Aphanus*,
*Anatolichthys* und *Kosswigichthys* aus voneinander isolierten Gewässern Kleinasiens,
daß graduelle Unterschiede der Sterilitätserscheinungen die unterschiedlich lange
Separation voneinander zum Ausdruck bringen.

Schon eine geringe Vitalitätsminderung von Bastarden kann unter Umständen
als Isolationsfaktor wirksam werden. Die Gendisharmonie macht sich in den Entwicklungsphasen gravierend bemerkbar, in denen besonders viele Gene aktiv werden. Das
ist bei Tieren vor allem die Zeit der Gastrulation. Die Häufigkeit der Hybridensterilität
zeigt, daß auch die Bildung der Geschlechtsorgane, die meiotischen Teilungen und die
anschließende Entwicklung der Gameten gegen Störungen der Harmonie des Genotyps
sehr anfällig sind. Ein Beispiel für den ersten Typ postzygoter Isolationsmechanismen
haben wir in den Rassenkreuzungen von *Rana pipiens* kennengelernt (S. 65). Das
frühzeitige Absterben infolge von Disharmonien in der Entwicklung ist auf die unterschiedliche Entwicklungsgeschwindigkeit miteinander gekreuzter Rassen zurückzuführen. Das bekannteste Beispiel für Bastardsterilität ist der Bastard zwischen Pferd und
Esel.

Hybridenzusammenbruch ist u.a. an Kreuzungen verschiedener *Drosophila*-Arten untersucht worden. Im Experiment zu erzielende weibliche $F_1$-Bastarde zwischen *Drosophila pseudoobscura* und *Drosophila persimilis* sind lebensfähig und voll fertil. Die

Nachkommen dieser Weibchen mit Männchen einer der beiden Elternarten sind so lebensschwach, daß sie nur unter optimalen Versuchsbedingungen am Leben gehalten werden können.

Alle bislang besprochenen Isolationsmechanismen werden bisweilen als biologische oder genetische Isolation der geographischen Isolation (gebräuchlicher und präziser ist der hier verwendete Ausdruck Separation) gegenübergestellt. Die besprochenen Isolationsmechanismen — sowohl die präzygoten als auch die postzygoten — sind im Genotyp verankert. Soweit genetische Untersuchungen durchgeführt wurden, zeigte es sich, daß die als Isolationsfaktoren wirksamen Unterschiede in den meisten Fällen polygen abgesichert sind. Das gilt auch für andere Merkmale, durch die sich zwei Arten unterscheiden. Intraspezifischen Variationen dagegen liegen im allgemeinen weit weniger Faktoren zugrunde.

Es ist darauf hinzuweisen, daß — zumindest in all den Fällen, bei denen divergierende Evolution der betreffenden Populationen in völliger Separation voneinander (allopatrisch) stattgefunden hat — diese als Isolationsmechanismen wirkenden polygenen Systeme nicht infolge eines Selektionsdrucks in Richtung Isolation aufgebaut wurden. Sie entstanden vielmehr — wie auch andere artspezifische Merkmale, die nicht als Isolationsmechanismen dienen, z.B. komplizierte Genitalstrukturen — im Rahmen der divergierenden Evolution der beiden Populationen. Diese Neuorganisation der Genepools als solche wird natürlich durch die unterschiedlichen Selektionsdrücke, denen die getrennten Populationen unterliegen, gesteuert. Es ist aber verfehlt, für die Entstehung jedes Einzelmerkmals direkte Selektionsdrücke verantwortlich zu machen, selbst wenn dieses Merkmal Funktionen übernimmt, die die Eignung der Art erhöhen.

Nicht alle Isolationsmechanismen sind im Genotyp der betreffenden Art direkt fixiert. Eine Ausnahme bilden viele Vogelgesänge. Die Jungvögel lernen den artspezifischen Gesang jeweils dadurch, daß sie ihn von ihren Eltern hören. Diese Weitergabe als Isolationsmechanismen wichtiger Merkmale auf dem Wege der Traditionsbildung erweist sich als sehr effektiv und stabil. Viele durch Prägung oder Lernen weitergegebene Singvogelgesänge sind wahrscheinlich über Jahrzehntausende weitgehend konstant geblieben.


### 9.3.1 Isolationsmechanismen bei zoogamen Blütenpflanzen

Auf Prägung beruht auch die Blütenstetigkeit hochentwickelter Bienen. Jede Biene sucht während eines Sammelfluges nur jeweils Blüten einer Art auf. Durch auffällige Formen, Farben und Düfte werden nektar- bzw. pollensammelnde Tiere — vorwiegend Insekten — angelockt. Unterschiede dieser Lockmittel sind für die Blütenstetigkeit verantwortlich. Viele Insektenarten sind jedoch auf bestimmte Blütentypen spezialisiert, d.h. dieser Isolationsmechanismus ist genetisch fixiert.

Unterschiede in der Blütenfarbe nah verwandter Pflanzen sind weit verbreitet. Als Beispiel für Unterschiede im Duft seien Seidelbastarten der Gattung *Daphne* genannt: *Daphne alpina* duftet nach Vanille, *D. striata* nach Flieder, *D. philippi* nach Veilchen und *D. blagayana* nach Nelken. Die unterschiedliche Länge des Nektarsporns der Blüten mancher Pflanzengattungen erlaubt nur Tieren mit entsprechend langem Rüssel den Zugang. Die im westlichen Nordamerika vorkommende Akeleiart *Aquilegia formosa* hat 1 bis 2 cm lange Sporne und wird von Kolibris besucht. Im selben Gebiet gibt es eine Gruppe weiterer Akeleiarten mit sehr langen Spornen, die nur dem langen Saugrüssel von Schwärmern (Sphingidae) zugänglich sind. Innerhalb dieser Gruppe wiederum entspricht die Rüssellänge des bestäubenden Schwärmers der Spornlänge der von ihm besuchten Akeleiart; z.B. wird *Aquilegia pubescens* (Spornlänge 3 bis 4 cm) von *Celerio lineata* (Rüssellänge 3 bis 4,5 cm) besucht und *A. longissima* (Spornlänge 9 bis 13 cm) von *Phlegethontius sexta* (8,5 bis 10 cm Rüssellänge) und von *P. quinquemaculatus* (10 bis 12 cm Rüssellänge).

Die langen Blütensporne und die entsprechend langen Saugapparate der Blütenbesucher sind das Ergebnis einer korrelativen Anpassung von Pflanze und Insekt. Die Evolution jeder dieser beiden Strukturen ist nur im Zusammenspiel mit der anderen möglich (Koevolution, Abschn. 11.12).

Auf Madagaskar kommt die Orchidee *Angraecum sesquipedale* vor; ihre Blüte besitzt einen 25 bis 30 cm langen Nektarsporn. Im Jahre 1862 hat C. Darwin und später auch A. R. Wallace die Existenz eines Insekts mit entsprechend langem Rüssel vorausgesagt. Im Jahre 1903 wurde dann tatsächlich auf Madagaskar der Schwärmer *Xanthopan morgani praedicta* mit einem über 20 cm langen Rüssel entdeckt.

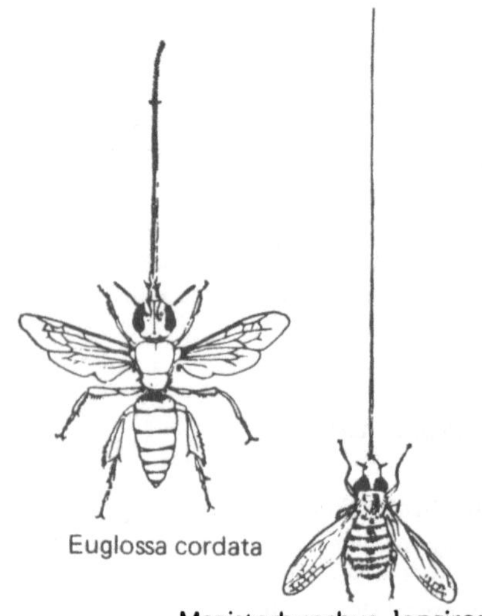


Fig. 19
Zwei extrem langrüsselige Insekten: links die Biene *Euglossa cordata*, rechts die Fliege *Megistorhynchus longirostris* (aus F. Schremmer [23])

Lange Blütenrüssel können im Sitzen nicht richtig benutzt werden. Sowohl Schwärmer als auch Kolibris, aber auch langrüsselige, blütenbesuchende Vertreter anderer Tiergruppen (z.B. die Fliege *Megistorhynchus longirostris* und die südamerikanische Bienengattung *Euglossa*) haben analog die Fähigkeit zum Schwirrflug erworben (Fig. 19).

### 9.3.2 Zusammenwirken mehrerer Isolationsmechanismen

Die meisten Isolationsmechanismen sind wohl in der Lage, den Genfluß zwischen zwei Populationen stark einzuschränken, sie bewirken jedoch keine vollständige Isolation. Durch das Zusammenspiel mehrerer unvollkommener Isolationsmechanismen wird aber eine vollständige Isolation gewährleistet.

Die beiden europäischen Tagfalter Rapsweißling (*Pieris napi*) und Zaunrübenweißling (*Pieris bryoniae*) sind durch mindestens vier Isolationsmechanismen voneinander getrennt:

1. ökologisch: *P. napi* lebt vorwiegend in Tälern, während *P. bryoniae* hauptsächlich in Höhen über 1000 m angetroffen wird,

2. zeitlich: *P. napi* paart sich früher im Jahr als *P. bryoniae*,

3. ethologisch: *P. napi* paart sich meistens bei sonnigem Wetter, während *P. bryoniae* sich vorwiegend bei bewölktem Himmel paart,

4. verringerte Vitalität der Bastarde: Bastardlarven besitzen eine erhöhte Anfälligkeit gegen Viruskrankheiten. Die Weibchen sterben beim Ausschlüpfen aus der Puppe, während die männlichen Imagines normal sind.

Bei den lebendgebärenden Fischen der Gattung *Xiphophorus* haben wir ebenfalls mehrere Isolationsmechanismen kennengelernt, die jeder für sich allein keine Artbarriere darstellen würde:

1. ökologische Mechanismen: sympatrisch vorkommende Arten bewohnen z.T. verschiedene Biotope desselben Gewässers (s. S. 68).

2. ethologische Mechanismen: die Männchen der verschiedenen Arten balzen unterschiedlich,

3. präzygote, metagame Mechanismen: Spermakonkurrenz (s. S. 72).

4. postzygote Mechanismen: bei einigen Artkreuzungen in dieser Gattung entstehen Bastarde von verminderter Vitalität oder Fertilität.

Auch die Tumorbildung durch Einkreuzung von Farbgenen in andere Arten ist vitalitätsmindernd, wenn auch meist erst in der Rückkreuzungsgeneration (s. S. 35). Es besteht jedoch keine mechanische Isolation, denn die unterschiedlichen Genitalstrukturen behindern die Kopulation nicht.

Für viele Artenpaare im Pflanzen- und Tierreich wurde ein ähnliches Zusammenwirken mehrerer Isolationsfaktoren bei der Unterbindung des Genflusses nachgewiesen.

### 9.3.3 Sympatrietest

Über lange Zeiträume hinweg sind die Umweltverhältnisse in den meisten Regionen und Lebensräumen sehr instabil. Ständige Veränderungen der Lebensbedingungen sind Ursache für das stete Wirken der dynamischen Selektion. Umweltveränderungen führen auch zu räumlichen Verlagerungen von Populationen, zur Separation, aber auch wieder zum Zusammentreffen zuvor getrennter Populationen. Allopatrische Populationen werden sympatrisch. Bei dem Zusammentreffen werden die in der Separation entstandenen Isolationsmechanismen auf ihre Wirksamkeit geprüft. Dieser „Sympatrietest" zeigt, ob aus einer Art zwei Arten im Sinne des biologischen Artbegriffs geworden sind.

Während der letzten Eiszeit wurden durch die nordischen und alpinen Vereisungen in Europa die Verbreitungsgebiete vieler Pflanzen- und Tierarten der gemäßigten Zone zerteilt. Die Populationen zogen sich nach Südosten und Südwesten in sogenannte Glazialrefugien zurück. Nach dem Zurückweichen des Eises breiteten sich die Pflanzen und Tiere aus ihren Refugien heraus wieder nach Norden aus. Die getrennt gewesenen Populationen trafen wieder aufeinander, ihre Verbreitungsgebiete überlappten sich. Zahlreiche dieser geographisch wiedervereinigten Populationen haben sich inzwischen so weit auseinandergelebt, daß vollständige Isolation zwischen ihnen entstanden ist, die einen Genfluß unterbindet. Es sind also zwei Arten aus einer geworden. – Ein bekanntes Beispiel hierfür ist das Artenpaar Sprosser (*Luscinia luscinia*) und Nachtigall (*Luscinia megarhynchos*). Wo sich die Areale des osteuropäischen Sprossers mit dem der west- und südeuropäischen Nachtigall überlappen, zeigt es sich, daß sie reproduktiv voneinander isoliert sind. – Ähnliche durch die Separation während der Eiszeit entstandene Artenpaare sind u.a. Winter- (*Regulus regulus*) und Sommergoldhähnchen (*Regulus ignicapillus*), Wald- (*Certhia familiaris*) und Gartenbaumläufer (*Certhia brachydactyla*) sowie Grau- (*Picus canus*) und Grünspecht (*Picus viridis*).

Bei vielen europäischen Vögeln, deren Verbreitungsgebiete während der Eiszeit zerteilt waren, ist die divergente Evolution nicht bis zur vollendeten Speziation gegangen. Beim Kleiber (*Sitta europaea*), der Schwanzmeise (*Aegithalos caudatus*), der Schafsstelze (*Motacilla flava*) ist den östlichen und westlichen Formen nur der Status von Unterarten zuzubilligen, weil ein Genfluß zwischen den Populationen besteht.

Die beiden Formen der Aaskrähe (*Corvus corone*) – die östliche Nebelkrähe (*C.c. cornix*) mit schwarzgrauer Gefiederzeichnung und die westliche Rabenkrähe (*C.c. corone*) – bilden in der Grenzzone ihres Zusammentreffens eine schmale Bastardierungszone ( B a s t a r d g ü r t e l , „ h y b r i d   b e l t ") von 50 bis maximal 250 km Breite (Fig. 20). In diesem Bastardgürtel vermischen sich die sonst geographisch streng voneinander getrennten Unterarten frei miteinander. Ähnliche, z.T. noch schmalere Bastardgürtel findet man an den Grenzlinien zwischen den Unterarten vieler Tiere. Hier treffen Populationen aufeinander, die während der Separation getrennte, jeweils in sich balancierte Genkomplexe aufgebaut haben. Disharmonische Genotypen, die hier entstehen, fallen der Selektion zum Opfer. In einigen Fällen läßt sich nachweisen, daß Bastardgürtel mit einer Zone ökologischer Diskontinuität zusammenfallen.

Interesssante Beispiele für verschiedene Grade der Speziation, die während der glazialen Separation erreicht wurden, beobachtet man auch bei europäischen Amphibien. Die beiden kleinen Molche *Triturus vulgaris* (Teichmolch) und *T. helveticus* (Fadenmolch) sind genauso wie die großen *T. cristatus* (Kammolch) und *T. marmoratus* (Marmormolch) jeweils als Arten voneinander isoliert, ebenso unter den Anuren die beiden Unken (*Bombina bombina* und *B. variegata*). In der Überlappungszone der Verbreitungsgebiete von Kammolch und Marmormolch werden jedoch Bastarde zwischen bei-

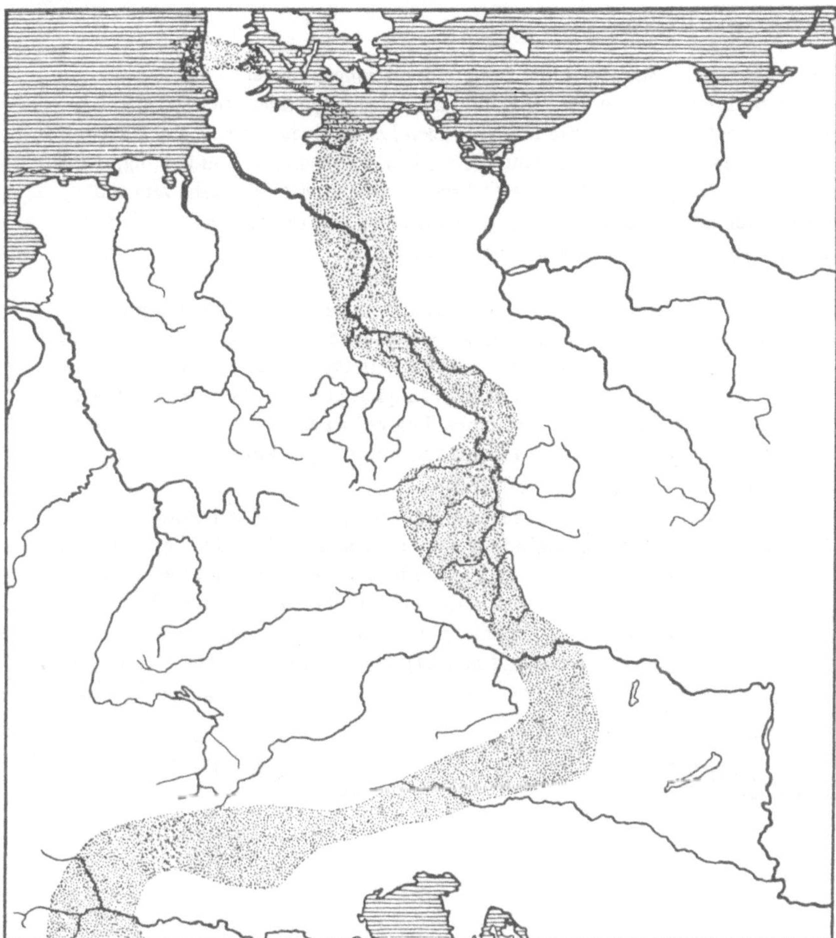

Fig. 20  Bastardgürtel zwischen der westlichen Rabenkrähe (*Corvus corone corone*) und der
östlichen Nebelkrähe (*Corvus corone cornix*) in Zentraleuropa (nach W. Meise aus
G. Niethammer [13])

den Arten angetroffen, die früher als eigene Arten angesehen wurden. Beim Feuersalamander (*Salamandra salamandra*) sind östliche und westliche Populationen nicht reproduktiv voneinander isoliert.

Noch nicht endgültig geklärt sind die Verhältnisse bei den Grünfröschen Europas. Der
in West- und Mitteleuropa weit verbreitete Teichfrosch (*Rana esculenta*) scheint ein
Bastard aus dem östlichen Seefrosch (*Rana ridibunda*) und der westlichen Form *Rana
lessonae* zu sein.

### 9.3.4 Kontrastbetonung

Beim sekundären Zusammentreffen zweier Populationen, bei denen die divergierende
Evolution während der Zeit der Separation zur vollendeten Speziation geführt hat,
wird zwischen diesen Geschwisterarten in vielen Lebensbereichen eine Konkurrenz bestehen. Diese interspezifische Konkurrenz wird zur ökologischen Einnischung, zur ökologischen Sonderung der beiden Arten führen (s. Abschn. 8.1). Bei nahe verwandten,
sympatrischen Arten besteht also ein Selektionsdruck zur Errichtung bzw. Verstärkung von ökologischen Isolationsmechanismen.

Auch zeitliche und ethologische Mechanismen unterliegen in Überlappungsgebieten
nahe verwandter, durch metagame Isolation voneinander getrennte Arten einem Selektionsdruck. Interspezifische Paarungen, die zu vitalitätsgeminderten oder sterilen Bastarden führen, beeinträchtigen das Fortpflanzungspotential der betroffenen Arten.
Individuen, die sich ausschließlich intraspezifisch verpaaren, bringen mehr Nachkommen hervor, die ihrerseits wieder zur Reproduktion von Nachkommen mit hohem
Anpassungswert in der Lage sind (s. S. 72).
Die Bedeutung des Selektionsdrucks für die Entstehung und Aufrechterhaltung der
Artbarrieren bei der Geschlechterfindung wird u.a. von den Enten der Gattung *Anas*
demonstriert. Die Stockente, die in nahezu sämtlichen Regionen ihres Verbreitungs-
gebiets mit anderen Anasarten sympatrisch vorkommt, besitzt im männlichen Geschlecht ihr arttypisches Prachtgefieder (s. S. 70). Auf Hawaii jedoch und der kleinen Pazifikinsel Laysan gibt es außer *Anas platyrhynchos* keine anderen Arten dieser
Gattung. Die Stockentenpopulationen dieser Inseln haben auch im männlichen Ge-

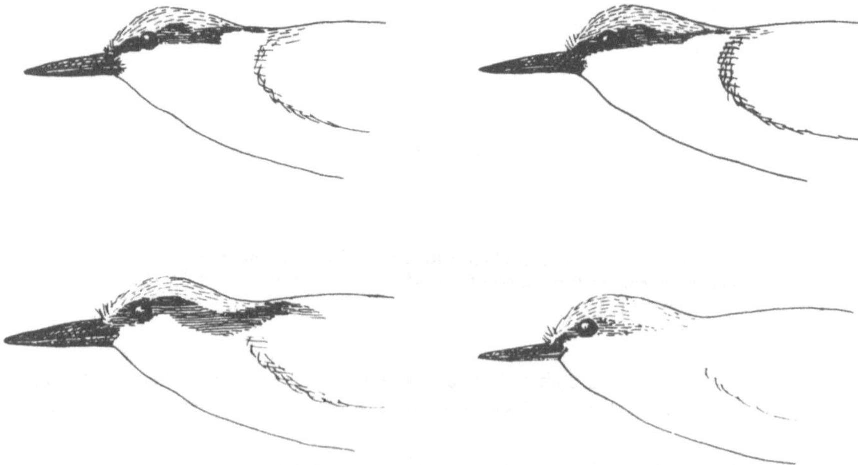

Fig. 21 Kontrastbetonung zwischen dem westlichen Felsenkleiber *Sitta neumayer* (rechts) und
der östlichen Art *Sitta tephronata* (links). Unten Individuen aus dem Überlappungsgebiet (nach Vaurie, aus H. H. Ross [20])

schlecht eine graubraune Färbung. Der stärkere Selektionsdruck in Richtung auf eine
Kontrastbetonung zur Verhinderung interspezifischer Paarung fällt hier weg, so daß
die unauffällige Schutzfärbung auch im männlichen Geschlecht zum Tragen kommt.

Auch viele auffällige Unterschiede in den Lockgesängen von Vögeln sind zur Kontrastbetonung in Regionen sympatrischen Vorkommens von Geschwisterarten entstanden.
In Spanien, wo der Fitis nicht brütet, ist der Gesang des Zilpzalp dem des Fitis ähnlich.

Einen gut untersuchten Fall von Kontrastbetonung in Überlappungsgebieten bilden die
beiden Felsenkleiber *Sitta neumayer* und *Sitta tephronata*. Beide Arten sind einander
in ihren getrennten Verbreitungsgebieten (*Sitta neumayer* lebt in Südosteuropa, Klein-
asien und Vorderasien; *Sitta tephronata* ist eine zentralasiatische Art) sehr ähnlich. Im
Überlappungsgebiet — im Irak, Iran und Armenien — ist eine auffällige Merkmalsdiver-
genz zwischen den beiden Arten zu beobachten. *Sitta neumayer* hat hier einen schlan-
keren und kürzeren Schnabel. Der für beide Arten charakteristische schwarze Augen-
streif ist in den sympatrischen Populationen bei *Sitta neumayer* nur schwach angedeutet (Fig. 21). Wir haben hier sowohl eine ökologische (Erschließung anderer Nahrungs-
nischen und damit Veränderung des Schnabels) als auch eine ethologische (unterschiedliche Gefiederzeichnung) Kontrastbetonung in den sympatrischen Populationen
beider Arten.

Nur progame Isolationsmechanismen, nicht jedoch metagame, unterliegen einem Selektionsdruck in Richtung auf Kontrastbetonung.


## 9.4 Zusammenbruch von Isolationsmechanismen — Artbildung durch Bastardierung


In Fällen sekundärer Überlappung der Verbreitungsgebiete zweier Populationen mit
unvollkommen entwickelten Isolationsmechanismen kommt es je nach dem Grad der
divergierenden Evolution entweder wieder zu einem ungestörten Genfluß zwischen
ihnen oder der Genaustausch ist in den Grenzregionen in Form von Bastardgürteln gebremst. Selbst bei Populationen, die so stark reproduktiv voneinander isoliert sind, daß
ihnen der Status getrennter Arten zugebilligt werden muß, kommt es bisweilen zu Bastardierungen. — Als Bastardierung in phylogenetischer Sicht sollen nur Kreuzungen
zwischen Populationen mit verschiedenen adaptiven Genkomplexen bezeichnet werden. — Bei höheren Wirbeltieren werden Artbastarde in freier Natur nur sehr selten
angetroffen — selbst bei sympatrischen Arten, die bei Gefangenhaltung ohne Schwierigkeiten Bastardnachkommen hervorbringen. Schon bei vielen Fischen dagegen werden wesentlich häufiger Artbastarde in der Natur beobachtet. Bei vielen Pflanzen wiederum ist Bastardierung zwischen verwandten Arten ein relativ oft auftretendes Phänomen. So ist die Zuordnung vieler Weidenbäume bzw. -sträucher (Gattung *Salix*) zu
einer bestimmten Art nicht möglich, da die Isolationsmechanismen zwischen den
Arten nur sehr unvollkommen wirken.

Die Möglichkeit der Bastardierung bei Pflanzen und Tieren bleibt auf nah verwandte
Formen beschränkt. Der parasexuelle Genaustausch bei prokaryonten Organismen, der
nicht den Gesetzen der Meiose unterliegt, erlaubt dagegen Bastardierung zwischen weit

voneinander entfernten Formen. Unüberwindbare Gendiffusionsbarrieren gibt es wohl nur zwischen den Gruppen der gramnegativen und grampositiven Bakterien sowie zwischen den Actinomyceten und den übrigen Bakterien.

Selbst relativ häufige interspezifische Bastardierung beeinträchtigt im allgemeinen nicht die Barriere zwischen den Arten. Nur relativ selten kommt es auf diesem Wege zur Introgression von Genen einer Art in den Genkomplex eines anderen. — Als In - t r o g r e s s i o n oder i n t r o g r e s s i v e  H y b r i d i s a t i o n bezeichnet man die Übernahme von Merkmalen einer Art in eine andere auf dem Wege der Bastardierung und wiederholten Rückkreuzung. — Bei Tieren sind nur wenige Fälle von Introgression beobachtet worden.

Ein völliger Zusammenbruch von Artbarrieren wird oft durch Veränderungen der Umweltbedingungen hervorgerufen. Ökologische oder zeitliche Isolationsmechanismen werden ausgeschaltet und es kommt zur Entstehung von Bastardpopulationen. Die Veränderung der Landschaft durch Maßnahmen des Menschen hat ökologische Barrieren zwischen vielen Pflanzenarten zusammenbrechen lassen.

Die im Experiment, in Brutanstalten voll fertil miteinander bastardierbaren Felchenarten (Gattung *Coregonus*) sind in Seen, in denen sie sympatrisch vorkommen, durch labile ökologische und zeitliche Mechanismen reproduktiv voneinander isoliert. Durch die künstliche Eutrophierung des Bodensees sind diese Isolationsmechanismen zusammengebrochen und Bastardpopulationen sind entstanden.

In Nordamerika gab es vor der Besiedlung des Landes durch europäische Kolonisten mehrere Weißdorn-Arten (*Crataegus*). Diese Sträucher waren auf relativ kleine, offene Lebensräume beschränkt — Flußufer, Felsabhänge; als sonnenliebende Pflanzen meiden sie den geschlossenen Wald. Mit der Abholzung des Waldes und dem Entstehen von Weideland wanderten die verschiedenen *Crataegus*-Arten in dieses ein und breiteten sich stark aus, wobei sie durch die schon bei jungen Pflanzen vorhandene starke Bedornung vor dem Vieh geschützt waren. Hochkomplizierte Bastardschwärme entstanden, und heute ist eine Artentrennung nicht mehr möglich.

Oft brechen die Isolationsmechanismen zwischen zwei Arten nur in einem Teil des Areals sympatrischen Vorkommens zusammen.

In den meisten Regionen Südeuropas, Nordafrikas und im westlichen Asien leben der Weidensperling (*Passer hispaniolensis*) und der Haussperling (*Passer domesticus*) als getrennte Arten sympatrisch nebeneinander, ohne daß es zu Bastardierungen kommt. In Italien, Sizilien, Korsika, Tunesien und auf Kreta ist die Isolationsbarriere zwischen diesen Arten zusammengebrochen: Eine weitgehend uneingeschränkte Bastardierung findet statt. In dem Bastardschwarm findet man die verschiedensten Kombinationen der Merkmale beider Elternarten und alle Übergangsstufen zwischen denselben. In einigen tunesischen Oasen jedoch, aber auch an einigen Plätzen in Italien, gibt es in sich stabile intermediäre Bastardpopulationen.


Einer A r t b i l d u n g  d u r c h  B a s t a r d i e r u n g stehen im allgemeinen schwere Hindernisse entgegen. Sie wird daher nur in seltenen Fällen auftreten. Voraussetzung hierfür ist, daß die Hybriden eine Genkombination besitzen, die nicht zu

Störungen führt und den Aufbau eines in sich ausgeglichenen Genotyps ermöglicht. Ferner muß die Erschließung neuer ökologischer Nischen möglich sein, die eine Konkurrenz mit den Elternarten ausschließt.

Bei einer Reihe von Pflanzenarten ist die Entstehung durch Bastardierung anzunehmen. So ist die kalifornische Ritterspornart *Delphinium gypsophilum* höchstwahrscheinlich durch Bastardierung der Arten *D. hesperium* und *D. recurvatum* entstanden.

## 9.5 Artbildung durch Polyploidisierung

Eine Form der Speziation durch Bastardierung ist im Pflanzenreich häufig: die Artbildung durch Polyploidisierung. Störungen bei der Meiose, weil die Chromosomen der Elternarten zu unähnlich sind, werden vermieden, da die Paarung fast ausschließlich jeweils zwischen den Chromosomen desselben Elters vor sich geht.

Außer Allopolyploidie als Genomverdoppelung bei der Bastardierung zweier Arten gibt es auch Speziation durch Autopolyploidie, Genommutation innerhalb einer Art.

Bei Entstehung von Polyploidie wird eine vollständige Isolationsbarriere in einem Schritt aufgebaut. Die erste Stufe einer Polyploidisierung führt zur Tetraploidie. Viele Formen zeigen einen noch höheren Grad der Polyploidie. Bei einigen Gattungen sind Serien mit verschiedenem Grad der Polyploidie bekannt, so z.B. bei *Rumex* (Ampfer): Zwischen den beiden Extremen *Rumex sanguineus* (tetraploid, 2 n = 40) und *R. obtusifolius* (dekaploid, 2 n = 200) gibt es eine Reihe von Arten, die verschiedene Zwischenstufen repräsentieren. Etwa ein Viertel bis ein Drittel aller Angiospermen sind polyploid.

Obwohl als sicher anzunehmen ist, daß im Laufe der Evolution höherer Tiergruppen Polyploidisierungsschritte stattgefunden haben (s. S. 38), spielt die Polyploidie bei der Speziation im Tierreich nur eine geringe Rolle. Polyploidisierung bringt bei Tieren meist den Verlust der Fähigkeit zu amphimiktischer, biparentaler Vermehrung mit sich (s. S. 66), führt also in eine evolutive Sackgasse. Ausnahmen finden wir u.a. in der tropischen Anurenfamilie der Leptodactylidae: Für eine Reihe von Arten wurde Polyploidie nachgewiesen, so ist der südamerikanische Hornfrosch *Ceratophrys dorsata* octoploid.

Der Großhamster *Cricetus cricetus* hat ebenso wie der Zwerghamster *Cricetulus cricetulus* eine Chromosomenzahl von 2 n = 22, beim Goldhamster *Mesocricetus auratus* dagegen zählt man diploid 44 Chromosomen. L. Sachs trug eine Reihe von Argumenten zusammen, die ihn zu dem Schluß führten, daß *Mesocricetus* als allotetraploider Bastard aus *Cricetus* und *Cricetulus* entstanden sei. Z.B. liegt das Hauptverbreitungsgebiet von *Mesocricetus* in der Überlappungszone des vorwiegend europäischen *Cricetus* und der hauptsächlich asiatischen Gattung *Cricetulus*.

## 9.6 Sympatrische Speziation

Wir sind ursprünglich davon ausgegangen, daß divergierende Evolution, die zur Speziation führt, also zum Aufbau von Isolationsmechanismen, die den Genfluß zwischen zwei Populationen verhindern, nur im Zustand der Separation möglich sei.

Die Speziation durch Polyploidisierung zeigt uns, daß nicht nur allopatrische, sondern auch sympatrische Speziation möglich ist. Vollständige reproduktive Isolation wird in einem Schritt ohne vorhergehende geographische Separation erreicht.

Man hat eine Anzahl weiterer Möglichkeiten der sympatrischen Speziation diskutiert, von denen die wichtigsten hier aufgeführt werden sollen:

1. Der Genfluß zwischen ökologischen Rassen derselben Art wird so stark eingeschränkt, daß eine divergierende Evolution möglich wird, die zur Errichtung von Isolationsmechanismen führt. Unter Angiospermen sind derartige Fälle ökologischer Speziation nachgewiesen. Von einigen Autoren wird für parasitische Tiere dieser Modus der Speziation in Betracht gezogen: Ausgangspunkt sollen ökologische Rassen desselben Parasiten sein, die verschiedene Wirte oder verschiedene Körperregionen desselben Wirts bewohnen. Letzteres ist z.B. bei der Kopf- und Kleiderlaus der Fall, die zu einer Art gehören (*Pediculus humanus capitis* bzw. *P. h. corporis*).

2. Verschiedene Morphen einer polymorphen Population unterliegen einer disruptiven Selektion, die zu reproduktiver Isolation führt.

3. Bei Arten mit intraspezifischer genetischer Variabilität hinsichtlich ethologischer Merkmale, die bei Balz und Paarung eine Rolle spielen, kommt es nur zwischen übereinstimmenden Typen zu erfolgreicher Paarung (Homogamie).

Für die meisten dieser Möglichkeiten zu sympatrischer Artbildung gibt es keine Beweise, sie sind bislang nur als hypothetisch anzusehen.

In einigen großen Seen findet man eine große Zahl nahe verwandter Fische. Man glaubte, diese Schwärme endemischer Arten einiger Gattungen nur durch sympatrische Speziation erklären zu können. Das bekannteste Beispiel sind die Buntbarsche (Cichlidae) ostafrikanischer Seen: Im Victoria-See sind 164 der 170 vorkommenden Cichlidenarten auf diesen See beschränkt. Im Malawi-See sind ca. 196 der ca. 200 Cichlidenarten endemisch, im Tanganyika-See sind sämtliche 126 dort vorkommenden Arten dieser Fischfamilie endemisch. Jetzt weiß man, daß zumindest teilweise geographische Separation an dieser „i n t r a l a c u s t r i s c h e n“  S p e z i a t i o n beteiligt ist. Die Seen waren in früheren Zeiten in mehrere voneinander getrennte Becken unterteilt und eine Neubesiedlung mit Arten erfolgte auch durch Zuflüsse.


# 10  Domestikation


Schon Charles Darwin sah die starken Wandlungen der Tiere und Pflanzen im Zustand der Domestikation als Modell für die Evolution der Organismen an. Die künstliche Zuchtwahl durch den Menschen brachte innerhalb weniger Jahrtausende auffällige Merkmalsunterschiede zwischen Wildart und domestizierter Form zustande. Sogar bei solchen Pflanzen und Tieren, die erst seit dem vorigen Jahrhundert domestiziert wurden, sind viele Zuchtrassen bekannt, die sich in auffälliger Merkmalsvielfalt voneinander und von der wilden Stammart unterscheiden: Man denke an die verschiedenen Rassen des Wellensittichs und die Aquarienfischsorten mit schleierartig verlängerten Flossen und in der Domestikation entstandener auffälliger Färbung.

Bei der Entstehung vieler Kulturpflanzen spielte außer der Auslese der dem Zuchtziel nahekommenden Mutanten Bastardierung und Polyploidisierung eine große Rolle. Polyploide Formen unterscheiden sich von diploiden meist durch kräftigeres Wachstum und Ausbildung größerer Früchte, Samen und anderer Organe. Also erfolgte eine Auslese auf Polyploidie, ohne daß dieses Phänomen als solches dem Menschen bekannt war.

Zuchtziel bei der Domestikation der Getreidearten war ein hoher Ertrag, also ging die künstliche Selektion in Richtung auf möglichst große Körner und große Ähren. Außerdem mußten die Ähren feste Spindeln haben und die Samenkörner mußten fest sitzen, damit sie möglichst spät oder gar nicht ausstreuen, so daß das Getreide ohne Verlust geerntet werden kann. Es mußten also Mutanten ausgelesen werden, die unter natürlichen Bedingungen für das Gras einen negativen Selektionswert haben.

Die Kultivierung des Weizens als eine der wichtigsten Getreidearten der Menschheit begann wahrscheinlich am Anfang des Neolithikums. Zentrum der ersten Getreidekultivierung war der Orient (Palästina oder Syrien).

Die ursprünglichsten und primitivsten Weizensorten gehören zur Einkorn-Gruppe. Dieses diploide (2 n = 14) Getreide ist eine Kulturform des als Wildgras bekannten *Triticum boeoticum*. Dieses bereits im Neolithikum gezogene Getreide wird heute nur noch selten in felsigen Gegenden mit armen Böden angebaut, wo keine anderen Sorten wachsen. Verdrängt wurde das diploide Einkorn durch den tetraploiden Weizen der Emmer-Gruppe. Diese sehr alte Weizensorte war schon in der Jungsteinzeit über Europa und Vorderasien weit verbreitet. Der Emmer ist ein allotetraploider Bastard (2 n = 28) aus dem Einkorn und einem Wildgras, das keine Bedeutung als Getreide besitzt, wahrscheinlich *Aegilops speltoides*. Der Emmer, im alten Ägypten über Jahrtausende einzige Getreidesorte, wird heute nur noch in wenigen Gegenden angebaut. – Hexaploid ist der wahrscheinlich in der Bronzezeit entstandene Spelz und der moderne Saatweizen. Diese hexaploiden Sorten besitzen im haploiden Satz 14 Chromosomen des Emmers und 7 des Wildgrases *Aegilops squarrosa*. In der Domestikationsgeschichte des Weizens hat also zweimal Allopolyploidisierung stattgefunden.

Für viele Obst- und Gemüsepflanzen ist inzwischen allopolyploide Herkunft aus verschiedenen Wildpflanzen nachgewiesen.

Die ältesten Baumwollgewebe sind im Indusgebiet gefunden worden; sie sind etwa 5000 Jahre alt. Wahrscheinlich liegt der Beginn der Kultivierung von Baumwolle (*Gossypium*) zur Fasergewinnung noch weiter zurück. Unabhängig von dieser Altweltkultur wurden *Gossypium*-Arten auch in Amerika in Kultur genommen. – Viele Kulturpflanzen und Haustiere sind in den verschiedenen alten Kulturzentren der Menschheit unabhängig voneinander domestiziert worden. – Die Neuweltbaumwolle ist ein allotetraploider Bastard aus zwei *Gossypium*-Arten. Nach der Entdeckung Amerikas ist die diploide Baumwolle in allen Anbaugebieten durch die tetraploide Form verdrängt worden.

Die wichtigsten Experimente zur Untersuchung des Phänomens der Polyploidie wurden auch an Kulturpflanzen durchgeführt. Bekannt ist die von G. D. Karpechenko (1928) künstlich erzeugte neue Gattung *Raphanobrassica*, ein allotetraploider Bastard aus Kulturrassen des Rettichs (*Raphanus sativus*) und des Kohls (*Brassica oleracea*).

Die große Rassenvielfalt bei zahlreichen Haustieren war mit Anlaß für die Vermutung, daß Kreuzungen zwischen verschiedenen Arten auch bei der Domestikation vieler Tiere eine Rolle gespielt haben. Die extremen Unterschiede der Hunderassen — man vergleiche etwa den Neufundländer mit dem winzigen Chihuahua — lassen an der Herkunft derselben aus einer Wildart zweifeln. Man nahm lange Zeit an, daß viele Hunderassen Bastarde aus domestizierten Abkömmlingen des Wolfes (*Canis lupus*) und des Schakals (*Canis aureus*) seien; den einzelnen Hunderassen wurden unterschiedliche Anteile an *Canis-aureus*-Erbgut zugesprochen. W. H e r r e und M. R ö h r s haben reichhaltiges, gut begründetes Untersuchungsmaterial zusammengetragen, aus dem hervorgeht, daß alle Hunderassen ausschließlich auf den Wolf als Wildform zurückgehen. — Auch für alle anderen warmblütigen Haustiere gibt es keine überzeugenden Argumente für Artkreuzungen während des Domestikationsprozesses.

Die Stammart aller Rassen des Hausesels ist der afrikanische Wildesel (*Equus africanus*).

Mehrere Wildrindarten wurden domestiziert: der Auerochse (*Bos primigenius*), der Yak (*Bos mutus*), der Banteng (*Bos javanicus*), der Gaur (*Bos gaurus*) und der Wasserbüffel (*Bubalis arnee*). Alle Hausrinderrassen gehen jedoch nur auf jeweils eine dieser Arten zurück. Alle echten Hausrinder haben *Bos primigenius* zum Stammvater.

Einige bei Aquarianern weit verbreitete domestizierte Zierfischrassen sind als Ergebnis von Artkreuzungen und Introgression entstanden. Die leuchtend rote Rasse des Schwertträgers verdankt ihre Färbung einem Gen des Platy. Dieses Gen, das bei *Xiphophorus maculatus* sich nur als kleiner Pigmentfleck manifestiert, bewirkt im genetischen Milieu der Art *X. helleri* eine Rotfärbung des ganzen Körpers (s. auch S. 35). Auch eine Reihe weiterer, nur bei domestizierten Zierfischrassen bekannten Merkmalen beruht auf Introgression von Genen einer Art in eine andere.

Die Beobachtung, daß zwischen Haustierrassen und ihrer wilden Stammart oft stärkere Merkmalsunterschiede bestehen als zwischen verschiedenen Wildarten einer Gattung führte zu der Meinung, daß Domestikationsphänomene mit Speziationsvorgängen gleichzusetzen seien. Durch die Domestikation seien neue Arten geschaffen worden. Gegen diese Überbewertung der Domestikation als Modell für die Evolution sprechen schwerwiegende Tatsachen. Auch zwischen extrem abgewandelten Haustierrassen und ihrer Wildform bestehen keine Sterilitätsbarrieren. Ebenso ist die sexuelle Attraktion zwischen ihnen bestehengeblieben; alle Hunderassen erkennen sich gegenseitig als Artgenossen. Merkmalswandel und Speziation im Sinne der Errichtung von Fortpflanzungsbarrieren sind nicht streng miteinander gekoppelt. Das zeigen Geschwisterarten auf der einen Seite und viele Haustierrassen auf der anderen. Schließlich geht die Evolution — also auch die Speziation — auf der Ebene der Genepools, auf der Ebene von Populationen vor sich. In der Domestikation sind fast stets kleine Teile von Populationen oder sogar einzelne Individuen separiert. Über lange Generationenfolge wird strenge Inzucht betrieben. Faktoren treten also hinzu, die natürlichen Evolutionsprozessen fremd sind. Bei Berücksichtigung dieser Unterschiede und Einschränkungen kann das kritische Studium von Domestikationsphänomenen viele nützliche Erkenntnisse für die Erforschung der Evolution liefern. Ursachengefüge und Gesetzmäßigkeiten der Variabilität und Selektion zeigen weitgehende Übereinstimmungen.

# 11 Makroevolution oder transspezifische Evolution

Oft wurde die Frage gestellt, ob für die infraspezifische Evolution und Speziation – also die Mikroevolution auf der einen Seite und die Makroevolution auf der anderen – unterschiedliche Evolutionsfaktoren verantwortlich seien. Man konnte sich schwer vorstellen, daß völlig neue Organisationstypen durch das Wirken der besprochenen Evolutionsfaktoren entstehen können. Hoch organisierte Organsysteme, die nur durch sinnvolles Zusammenwirken ihrer einzelnen Elemente funktionsfähig sind, scheinen plötzlich im Laufe der Stammesgeschichte der Organismenwelt aufzutauchen. Paläontologen, denen Fossilien verschiedener Bauplantypen ohne Zwischenstufen vorlagen, glaubten T y p e n s p r ü n g e annehmen zu müssen. In einem Evolutionsschritt soll ein neues Organisationssystem entstehen. Auch der Genetiker R. Goldschmidt (1878 bis 1948) postulierte Systemmutationen, die radikale Umorganisationen hervorrufen sollen. Auf diesem Wege entstandene „h o p e f u l   m o n s t e r s" würden ihre Ausformung durch die für die intraspezifische Evolution bekannten Kleinmutationen finden.

Schon kleine Mutationen können schwere Störungen der Balance eines Genotyps bewirken. Wenn im Labor des Genetikers Mutationen untersucht werden, die zu größeren morphologischen Veränderungen führen, so verursachen diese stets eine starke Vitalitätsminderung. Die geforderten Systemmutationen sind schon aus Gründen der Harmonie des Genotyps nicht denkbar. Außerdem müßten bei sich amphimiktisch vermehrenden Organismen stets gleichzeitig mehrere dieser Makromutationen auftreten.

Es gibt keine Beweise für die Existenz von besonderen Evolutionsfaktoren für die Makroevolution. Im Gegenteil, unser Wissen über die Evolutionsvorgänge führt zu dem Schluß, daß für die transspezifische Evolution dieselben Evolutionsfaktoren verantwortlich sind wie für die infraspezifische Evolution. Es gibt nur einen Evolutionsprozeß. Und dieser Evolutionsprozeß verläuft auf der Ebene der Art. Viele Regeln und Gesetzmäßigkeiten der Evolution kommen allerdings erst im Laufe langer Evolutionsphasen zum Tragen. Sie sind im Rückblick auf längere Stammesreihen erkennbar.

## 11.1 Anagenese

Eines der Grundphänomene der Evolution ist der stets vorhandene Trend zur stammesgeschichtlichen Höherentwicklung, zur Anagenese. Sie ist als der Erwerb von Eigenschaften und Strukturen zu verstehen, die zur Ökonomisierung der Lebensfunktionen führen, die dem Lebewesen eine Erweiterung seiner Lebensweise ermöglichen und ihm weitere Evolutionschancen eröffnen. Die Organismen entwickeln im Laufe der Evolution rationeller arbeitende strukturelle und funktionelle Ordnungssysteme. Der von A. N. Sewertzoff geprägte Begriff A r o m o r p h o s e entspricht weitgehend dem auf B. Rensch zurückgehenden Terminus Anagenese. Sewertzoff bezeichnet mit dem Namen Aromorphose „solche Veränderungen der Organisation der Tiere, die eine allgemeine Bedeutung für ihre Träger haben und die Energie ihrer Lebenstätigkeit steigern". Um eine Verwechslung mit Phänomenen der Anpassung an bestimmte Umweltverhältnisse auszuschließen, gab Sewertzoff folgenden erklärenden Zusatz: „Mit den Worten „allgemeine Bedeutung" wollen wir sagen, daß diese Veränderungen sich nicht nur bei einer oder einigen wenigen ungünstigen Veränderungen der Umwelt für ihre Besitzer als nützlich erweisen, sondern daß sie bei vielen verschiedenen schädlichen Veränderungen der Umwelt für die Tiere vorteilhaft sind."

Die Erkenntnis, daß der Evolution der Organismenwelt insgesamt und den meisten Stammeslinien eine anagenetische Gesetzlichkeit zugrunde liegt, führte zur Annahme von bislang unbekannten, allem Lebenden innewohnenden Kräften, die zielgerichtet eine Höherentwicklung bewirken. Jetzt sind aber die meisten Phylogenetiker davon überzeugt, daß auch die Anagenese kausal durch die Wirkung der bekannten Evolutionsfaktoren zu erklären ist.

### 11.1.1 Evolution der Evolutionsmechanismen

Als einer der basalen anagenetischen Prozesse ist die Evolution der Evolutionsmechanismen anzusehen. Das System, das die Evolution der Organismen steuert, unterliegt einem Selektionsdruck.

So bestimmt eine Art, die sich schnell an neue Umweltbedingungen anpaßt, eine selektive Überlegenheit gegenüber einer anderen, die mehr Zeit zur Anpassung benötigt.

Der Grad der Mutabilität unterliegt also der Selektion. — Im Laufe der Evolution der Organismen wurden Systeme von Mutatorgenen entwickelt, die die Mutabilität anderer Gene steuern.

Bei den Eukaryonten ist durch den Chromosomenapparat und Kernteilungsmechanismus eine zuverlässigere Weitergabe der genetischen Information bei einer großen Zahl von Genloci gewährleistet als bei den Prokaryonten.

Der meiotische Prozeß bedeutet eine Optimierung der Rekombination im Vergleich zu den parasexuellen Prozessen der Prokaryonten.

In Populationen getrenntgeschlechtlicher amphimiktischer Tiere ist eine ausgewogene Geschlechterrelation Voraussetzung für die Panmixie. Ein Geschlechtsbestimmungsmechanismus, der eine Geschlechtsrate von 1 : 1 gewährleistet, ist daher für viele Lebewesen von hohem Selektionswert. Gonosomenmechanismen mit Heterogametie im männlichen ($\female$ XX, $\male$ XY) oder im weiblichen Geschlecht ($\female$ ZW, $\male$ ZZ) sind deshalb in vielen Organismengruppen unabhängig voneinander entstanden.

Im weitesten Sinne gehört auch die Evolution der oft hochkomplexen Einrichtungen zur Geschlechterfindung in den Komplex „Evolution von Evolutionsmechanismen".

## 11.2 Additive Typogenese

Die Existenz einer großen, jedoch begrenzten Zahl anscheinend ohne Übergänge voneinander getrennter Organisationstypen im Tierreich bereitet der universellen Anerkennung einer Evolution durch kleine Mutationsschritte große Schwierigkeiten. Sind doch die höheren Kategorien des Systems durch eine harmonische Kombination von Merkmalen charakterisiert. Und zwar von Merkmalen, die nur in der betreffenden Kombination bekannt sind und sinnvoll erscheinen. Der „Typus" der betreffenden Gruppe wird durch diese Merkmalskombination repräsentiert.

Die Theorie der additiven Typogenese gibt die Erklärung für die adaptive Entstehung evolutiver Neuheiten, für die Entstehung neuer Typen. Evolutive Veränderungen durch dynamische Selektion entstehen unter dem Einfluß veränderter Umweltbedingungen. Die Eroberung neuer ökologischer Nischen geht mit adaptiven Veränderungen einher. Radikale Umkonstruktionen, die zur Entstehung neuer Strukturen, neuer Lebensformtypen führen, verlaufen meist synchron mit der Erschließung neuer ökologischer Großnischen oder ökologischer Zonen. Als solche ökologische Zone ist z.B. die Erschließung völlig neuer Nahrungsquellen oder der Übergang vom Leben im Wasser zum Leben an Land anzusehen. Sehr anschauliche Beispiele für die Erschließung neuer ökologischer Zonen bieten die Eroberung des freien Wassers durch pelagische Fische, deren Vorfahren Bodenbewohner waren, und die Eroberung des Luftraums durch Fluginsekten und Vögel.

Viele Fische haben für einige ihrer Lebensansprüche ökologische Nischen außerhalb des Wassers erschlossen (s. Abschn. 8.2), doch nur einer dieser Evolutionslinien (palaeozoischen Crossopterygiern) ist die vollständige Eroberung des Landes gelungen.

Voraussetzung für die Erschließung neuer ökologischer Zonen und damit für die Evolution neuer Strukturen ist eine P r a e a d a p t a t i o n  oder  P r a e d i s p o s i t i o n hierfür. Praeadaptation heißt, daß Merkmale oder Eigenschaften vorhanden sind, die die Adaptation an neue Lebensbedingungen erlauben. Es handelt sich oft um Strukturen, die im Rahmen der Adaptation an bestimmte Funktionen entstanden sind. Die so zur Erfüllung einer Funktion entstandenen Strukturen bergen die Fähigkeit zur Übernahme neuer Funktionen in sich. Ein  F u n k t i o n s w e c h s e l  findet statt. Die Bedeutung des Funktionswechsels für die Evolution hatte schon A. Dohrn (1875) erkannt. In den seltensten Fällen wird der Funktionswechsel ein abrupter Vorgang sein. Viele Strukturen besitzen mehrere Funktionen (s. S. 45). Der Funktionswechsel geschieht dadurch, daß Nebenfunktionen zur Hauptfunktion werden.

Strukturen, die als Praeadaptationen der Vorfahren der Amphibien zur Eroberung des Landes angesehen werden können, sind die „Lungen", die in Adaptation an das Leben in sauerstoffarmem Wasser entstanden sind, diesen Fischen also die Luftatmung erlaubten, und die mit einem Muskelapparat zur Lokomotion am Gewässerboden ausgerüsteten paarigen Flossen. Die Fischlunge wurde zur Lunge der Landwirbeltiere, die Flossen zur pentadactylen Extremität der Tetrapoden. – Merkmale, die den ersten Schritt zur Eroberung einer ökologischen Zone ermöglichen, werden Schlüsselmerkmale genannt. Dieser erste Schritt selbst jedoch ist eine Verhaltensänderung.

Die Lunge der Crossopterygier war gleichzeitig Schlüsselmerkmal für die Eroberung des freien Wassers durch Fische. Durch Funktionswechsel wurde aus ihr ein hydrostatisches Organ — die Schwimmblase.

Auf den ersten Schritt erfolgt durch adaptative Schritte die Umwandlung und Ausformung der Strukturen, die ihre Funktion gewechselt haben. Nacheinander werden weitere Struktur- oder Funktionselemente an den Lebensbereich adaptiert. Die Eroberung neuer ökologischer Zonen erfolgt schrittweise. Der neue „Typ" wird also mosaikartig konstruiert. So sind die ursprünglicheren Tetrapoden, die Amphibien, noch zur Fortpflanzung auf das Wasser angewiesen. Ihre durch Austrocknung gefährdete Haut erlaubt ihnen nur ein Leben in feuchten Regionen. Erst die Reptilien haben sich durch die Amnionbildung und ihre gegen Austrocknung geschützte Haut völlig vom Wasser gelöst. Die Vögel und die Säugetiere haben durch die Homoiothermie die Grundlage für weitere Leistungen — z.B. auch die Besiedlung kalter Regionen — gewonnen.

Auf die durch die aromorphotische Evolution ermöglichte Erschließung ökologischer Zonen erfolgt eine Periode der divergenten I d i o a d a p t a t i o n (A. N. Sewertzoff) oder a d a p t i v e n  R a d i a t i o n (H. F. Osborn, 1910). Die ökologische Zone wird in ökologische Nischen aufgegliedert. Die Anpassung an besondere Lebens- und Umweltbedingungen führt zu Spezialisationen, wobei die „typischen" Merkmale der Gruppe, d.h. Strukturen, die als Anpassung an die gesamte Großnische entstanden sind, erhalten bleiben.

Als Beispiel für adaptive Radiation haben wir die Evolution der Drepanididen auf Hawaii und die der Geospizinen auf den Galapagosinseln kennengelernt.

Die Beuteltiere in Australien und die plazentalen Säugetiere haben in adaptiver Radiation einander entsprechende ökologische Nischen erschlossen: Es gibt unter den Marsupialiern wolfsähnliche (*Thylacinus*), marderähnliche (Dasyurinae), mäuseähnliche (Phascagolinae), maulwurfsähnliche (Notoryctidae), dachsähnliche (Peramelidae) und weitere Formen, die den jeweiligen Lebensformtypen der Plazentalier entsprechen. Sofern die praeadaptiven Potenzen vorhanden sind, werden alle wesentlichen ökologischen Nischen erschlossen. Die Marsupialier können die entsprechenden ökologischen Nischen in Australien einnehmen, weil die leistungsfähigeren Plazentalier diesen Kontinent nicht besiedeln konnten. — Mit der Einführung des Dingo wurde der Beutelwolf in Australien ausgerottet.

Voraussetzung für die adaptive Radiation ist eine sehr vielseitige Praeadaptation. Wesentliches Charakteristikum der während der aromorphotischen Evolutionsphase erworbenen evolutiven Neuheiten ist ihre vielseitige praeadaptive Potenz.

Die Erschließung neuer ökologischer Zonen oder ökologischer Nischen durch eine Gruppe bedeutet nicht, daß die ursprüngliche Lebensweise von dieser Gruppe aufgegeben wird. Die anagenetische Evolution ist mit einer Aufspaltung, einer K l a d o g e - n e s e gekoppelt. Diese Kladogenese ist ein Vorgang, den wir bereits bei der Speziation kennengelernt haben. Einer der Äste dieser Gabelung behält die ökologische Nische der Ahnengruppe bei. Die Evolution der anderen führt zu einer Abweichung, einer Deviation. Die Möglichkeit, Schwestergruppenpaare lebend nebeneinander zu beobachten, ist eine wesentliche Voraussetzung für evolutionsbiologische Untersuchungen. Daß abgeleitete Gruppen neben ihre Ahnengruppen treten, ist die Grundlage für den Zuwachs an Formenvielfalt im Laufe der Evolution. Hierdurch wird auch die Erklärung für die Tatsache gegeben, daß die heutige Vielfalt der Organismentypen – also ein Querschnitt in der Zeitebene – die Stammesgeschichte, den Aufriß in der Zeitenfolge widerspiegelt. – Dies gilt selbstverständlich nur in großen Zügen und nur für die Organismentypen, denn auch die Lebewesen, die über lange Zeiträume dieselbe ökologische Nische innehaben, unterliegen ständigen evolutiven Veränderungen (s. aber „lebende Fossilien" S. 111). – Die Vorfahren der Arthropoden waren Anneliden. Wir werden aber vergeblich unter den heutigen Repräsentanten des Stammes Annelida die Art, Gattung oder Familie suchen, die den ersten anagenetischen Schritt in Richtung auf den Arthropodentyp gemacht hat.

An dieser Stelle taucht die Frage nach dem A u s s t e r b e n auf, denn wir wissen, daß viele Organismengruppen, auch große Organisationstypen, heute nicht mehr existieren. Von den vielen möglichen Ursachen des Aussterbens soll hier nur auf einen Aspekt hingewiesen werden, der bereits erwähnt wurde. In dem Moment, in dem eine leistungsfähigere, eine moderne Gruppe in Konkurrenz zu dem bisherigen Inhaber einer ökologischen Nische tritt, wird dieser verdrängt. Folglich ist auch eine evolutive Neueroberung ökologischer Nischen oder Zonen nicht möglich, wenn dieselben schon durch leistungsfähigere Repräsentanten besetzt sind: Wenn auch manche Fischgruppen die praeadaptiven Potenzen für einen Schritt zur anagenetischen Eroberung terrestrischer Lebensräume zu haben scheinen, so ist ihnen dieser Weg doch durch die bereits existierenden terrestrischen Vertebraten versperrt.

Von Zwischenstufen der additiven Typogenese sind nur selten fossile Reste erhalten; die fertig entwickelten Typen, insbesondere die Produkte adaptiver Radiation, werden auch in älteren Schichten recht häufig gefunden. G. G. Simpson erklärt diese Erscheinung damit, daß Populationsgröße und Geschwindigkeit der evolutiven Veränderungen in der Regel im umgekehrten Verhältnis zueinander stehen.

## 11.3 Parallele Evolution

Der Genetiker N. Vavilov formulierte im Jahre 1920 ein „Gesetz der homologen Reihen der erblichen Variabilität": „Einander mehr oder weniger verwandte Arten und Gattungen werden durch ähnliche Variationsreihen charakterisiert, und zwar von solcher Regelmäßigkeit, daß – wenn eine Varietätenreihe in einer Art oder in einer Gattung bekannt ist, man das Vorhandensein ähnlicher Formen und ähnlicher genotypischer Unterschiede in anderen Arten und Gattungen voraussagen kann. Je näher sich die Arten und Gattungen im Pflanzensystem stehen, umso ähnlicher sind die Variationsreihen."
Genetikern, Pflanzen- und Tierzüchtern ist diese Gesetzmäßigkeit bekannt, die für die sogenannte Wildfärbung des Fells bei Nagern und Lagomorphen verantwortlich ist. Bei

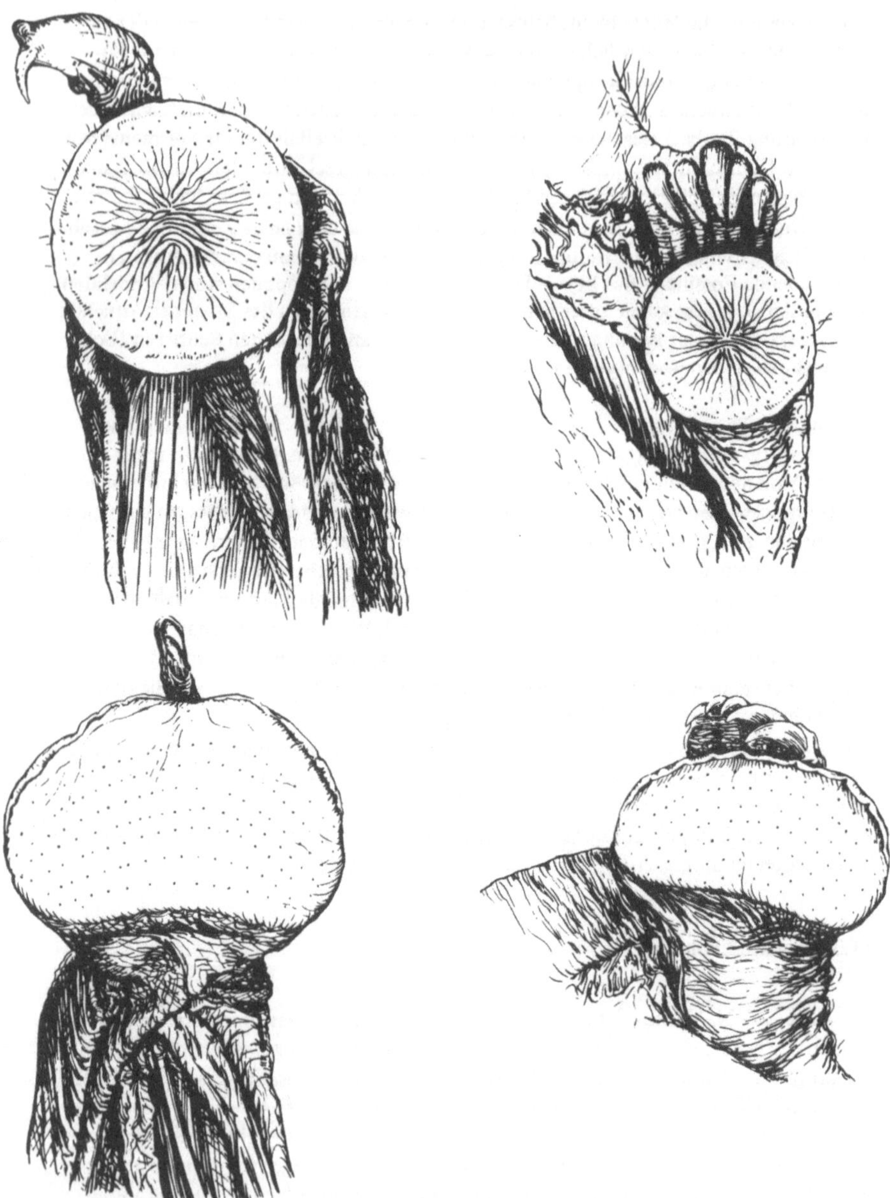

Fig. 22 Haftorgane von Fledermäusen als Beispiel für parallele Evolution. Oben die mittel-
amerikanische *Thyroptera*, unten die madagassische *Myzopoda*. Links Haftorgane der
Vorderextremität, rechts der Hinterextremität (aus H. Schliemann [22])

Ratten, Mäusen, Kaninchen und Meerschweinchen sind verschiedene, einander entsprechende Allele bekannt geworden, die jeweils gleichartige Veränderungen der Fellfarbe bedingen. — Aus dieser Tatsache wurde geschlossen, daß diese Formen homologe Gene besitzen, die sie von ihrem gemeinsamen Vorfahren übernommen haben und die entsprechende Mutabilitätstendenzen besitzen. Der direkte Beweis der Homologie von Genen ist nur bei nahe verwandten, miteinander kreuzbaren Formen zu führen. Chromosomenmutationen erschweren oder verhindern oft den Nachweis der Homologie. Die Tatsache, daß dasselbe Gen sich in unterschiedlichem genetischen Milieu phänotypisch sehr abweichend manifestieren kann, und die Häufigkeit des Transfers der Genfunktion lassen das Zurückführen paralleler Variationen des Phänotyps auf homologe Gene oft sehr spekulativ erscheinen.

Unter paralleler Evolution soll in der Definition von C. Kosswig „die Umbildung eines Organs (oder einer Funktion) des mutmaßlichen Vorfahren in gleicher oder in ähnlicher Weise in mehreren deszendenten Linien" verstanden werden. Weitgehende Übereinstimmungen in der parallelen Evolution selbst homologer Strukturen beruhen auf gleicher morphologischer und entwicklungsphysiologischer Basis, erlauben aber keine Rückschlüsse auf die genetische Grundlage.

Als Beispiel für Parallelbildung sei die von H. Schliemann untersuchte unabhängige Entstehung von saugnapfartigen Haftorganen bei zwei Fledermäusen — der mittelamerikanischen *Thyroptera* und der madagassischen *Myzopoda* — genannt (Fig. 22). Als parallele Evolution ist auch die bei mehreren Knochenfischen unabhängig voneinander erfolgte sekundäre Funktionserweiterung der Schwimmblase zu einem Atemorgan anzusehen, genauso wie die von Blenniiden und Gobiiden (*Periophthalmus*) erworbenen Anpassungsmerkmale für das zeitweise Leben außerhalb des Wassers (s. S. 56).

## 11.4 Konvergenz

Unter Konvergenz soll „die äußere Ähnlichkeit zwischen nicht näher miteinander verwandten Formen, die unter ähnlichen Lebensbedingungen vorkommen" (C. Kosswig) verstanden werden. Vielfältige Beispiele für Konvergenzen liefert die Erschließung entsprechender ökologischer Nischen durch verschiedene Gruppen auf dem Wege der adaptiven Radiation: Man vergleiche die australischen Beuteltiere mit den analogen plazentalen Säugetieren (s. S. 88). Sehr auffällige Konvergenz hinsichtlich des gesamten Körperhabitus zeigen die verschiedenen „fischförmigen" Wirbeltiere: die primär wasserlebenden Fische, die Ichthyosaurier, die Wale (Fig. 23). Dieses Beispiel demonstriert besonders deutlich den Inhalt des Begriffs Konvergenz: Ähnlichwerden ursprünglich unähnlicher Strukturen, Strukturkomplexe oder Formen durch die Übernahme ähnlicher Funktionen oder Lebensweisen. Als Konvergenz ist auch die Ausübung gleicher Funktionen mit strukturell völlig voneinander abweichenden Mitteln zu bezeichnen. So zeigen die Spechte auf der einen Seite und der Spechtfink der Galapagosinseln auf der anderen hinsichtlich Nahrungsquelle und Nahrungserwerb Konvergenzen.

Fig. 23 Konvergente Ausbildung eines „fischförmigen" Körpers in Anpassung an das Leben in der Hochsee: a) Haifisch (Elasmobranchier), b) Schwertfisch (Teleosteer), c) Ichthyosaurier (Reptil), d) Delphin (Säugetier) (nach Portmann, aus G.Osche [14])

## 11.5 Substitution der Funktionen

Als zentrales Element der Anagenese haben wir das Prinzip des Funktionswechsels kennengelernt, die Übernahme neuer Funktionen durch eine Struktur. Dem gegenüber steht die Übernahme der gleichen Funktion durch unterschiedliche Strukturen. In diesem Zusammenhang ist das Prinzip der Substitution der Funktionen zu besprechen. A. N. Sewertzoff formuliert dieses Prinzip folgendermaßen: „Die Funktion eines nach diesem Typus evolvierenden Organs der Vorfahren der betreffenden Tierform wird bei den Nachkommen durch eine andere, aber biologisch gleichwertige Funktion eines anderen, an einer anderen Stelle liegenden und sich aus einer anderen Anlage entwikkelnden Organs ersetzt".

Die meisten Eidechsen bewegen sich mit Hilfe ihrer Extremitäten vorwärts. In vielen Familien und Gattungen der rezenten Saurier finden wir Arten mit verlängerter Rumpfwirbelsäule. Parallel mit der Verlängerung des Rumpfes geht eine Rückbildung der Extremitäten. Diese Arten berühren bei der Lokomotion den Boden mit dem Bauch. In verschiedenen Echsengruppen gibt es Übergangsstufen mit graduell unterschiedlich verlängerter Rumpfwirbelsäule und parallel dazu degenerierenden Extremitäten. Die Endstufen dieser Evolutionsreihen werden durch extremitätenlose schlangenähnliche Formen wie z.B. die Blindschleiche (*Anguis fragilis*) repräsentiert. „Die Substitution der Bewegung mittels der Extremitäten durch die Bewegung mittels der Biegung des stark verlängerten Rumpfes war ein sehr komplizierter Vorgang, welcher aus einer ganzen Reihe streng koordinierter Veränderungen einer großen Anzahl funktionell miteinander verbundener Organe bestand" (A. N. Sewertzoff).

Auch die Substitution der Funktionen beruht auf der Adaptation an veränderte Umweltbedingungen, auf der Erschließung neuer ökologischer Nischen.

Sewertzoff sieht die biologische Bedeutung der Veränderung in dem dargestellten Beispiel darin, daß Eidechsen mit an den Seiten des Rumpfes hervorragenden Extremitä-

ten gut auf freiem Boden laufen können, jedoch bei der Vorwärtsbewegung zwischen
Pflanzenstengeln sehr behindert sind. Die Ausbildung eines schlangenähnlichen Körpers
ist eine Anpassung an die Bewegung zwischen Grashalmen und ermöglicht das Eindringen in Löcher und Höhlen.

## 11.6 Homologie

Funktionswechsel führt zu divergierender Entwicklung, zum Unähnlichwerden ursprünglich identischer Strukturen. Konvergenz auf der anderen Seite beinhaltet das
Ähnlichwerden von Strukturen unterschiedlicher Herkunft.

Die Fähigkeit, homologe Strukturen — also solche, die phylogenetisch auf eine gemein-
same Basis zurückzuführen sind — von analogen, deren Ähnlichkeit durch die gleiche
Funktion phylogenetisch unabhängig voneinander entstanden ist, zu unterscheiden, ist
Voraussetzung für die Aufklärung stammesgeschichtlicher Zusammenhänge (s. S. 15).
A. Remane (1898 bis 1976) hat Kriterien zusammengestellt, die bei der Prüfung
von Strukturen auf ihre Homologie zu berücksichtigen sind. Diese Kriterien werden in
Haupt- und Hilfskriterien untergliedert:

Das 1. Hauptkriterium ist das K r i t e r i u m   d e r   L a g e. Strukturen sind homolog
bei gleicher Lage in vergleichbaren Gefügesystemen. Die Schädel- und Extremitäten-
knochen von Wirbeltieren und die durch ihre unterschiedliche Funktion sehr unähnli-
chen Mundwerkzeuge der Insekten lassen sich auf Grund dieses Kriteriums homologi-
sieren. Wenn sich das Gefügesystem, in dem sich die zu prüfende Struktur befindet,
durch Lageverschiebungen radikal verändert, wenn Elemente ausfallen oder neue hin-
zutreten, wird die Anwendbarkeit dieses Kriteriums problematisch.

Das 2. Hauptkriterium ist das K r i t e r i u m   d e r   s p e z i e l l e n   Q u a l i t ä t
der Strukturen. Komplexe, in vielen Sondermerkmalen übereinstimmende Strukturen
sind ohne Rücksicht auf ihre Lage homologisierbar. Dieses Kriterium erlaubt die Homologisierung vieler Einzelorgane. Auch der Rekonstruktion von Skeletten aus einzelnen Knochen mit jeweils typischer Ausprägung liegt dieses Kriterium zugrunde.

Das 3. Hauptkriterium wird als S t e t i g k e i t s k r i t e r i u m  oder als Kriterium
der Verknüpfung durch Zwischenformen bezeichnet. Strukturen können als homolog
erkannt werden, auch wenn sie sehr verschieden gelagert und sehr unähnlich sind, sofern sie durch Zwischenformen miteinander verbunden sind. Solche Zwischenformen,
die zwei Extreme überbrücken, können durch Serien nah verwandter rezenter Formen
oder durch Formenreihen entsprechender Strukturen fossilen Ursprungs geliefert werden. Die Verbindung kann aber auch durch ontogenetische Zwischenstufen geschaffen
werden: unterschiedliche Strukturen lassen sich auf homologe Anlagen in der Em-
bryogenese zurückführen.

Das 3. Hauptkriterium ist in seiner Beweiskraft den beiden ersten übergeordnet, vorausgesetzt, daß es sich um echte Zwischenformen handelt, die kontinuierlich aneinander

anschließen. Zwei unterschiedliche Strukturen können auf verschiedenen Wegen durch Zwischenstufen miteinander verbunden sein; die Deutung vor allem einfacherer Teilstrukturen kann unsicher werden, wenn die Kontinuität nicht vorhanden ist.

Außer diesen Hauptkriterien gibt es Hilfskriterien, die herangezogen werden können, wenn die Ermittlung von Homologien mit Hilfe der Hauptkriterien unsicher bleibt. Remane formuliert diese Hilfskriterien wie folgt:

1. Selbst einfache Strukturen können als homolog erklärt werden, wenn sie bei einer großen Zahl nächstähnlicher Arten auftreten.

2. Die Wahrscheinlichkeit der Homologie einfacher Strukturen wächst mit dem Vorhandensein weiterer Ähnlichkeiten von gleicher Verbreitung bei nächstähnlichen Arten.

3. Die Wahrscheinlichkeit der Homologie von Merkmalen sinkt mit der Häufigkeit des Auftretens dieses Merkmals bei sicher nicht verwandten Arten.

Die Möglichkeit des Auftretens von Parallelbildungen ist bei der Hinzuziehung des ersten Hilfskriteriums zu berücksichtigen. „Weitere Ähnlichkeiten" im Sinne des zweiten Hilfskriteriums müssen funktionell voneinander unabhängige Strukturen sein. Die ineinandergreifenden Elemente eines mechanischen oder biochemischen Funktionssystems (Enzymketten) sind in diesem Sinne nur als ein Merkmal anzusehen. Viele hochkomplexe biochemische Strukturen wurden als sichere Homologiekriterien gewertet, bis man ihr unabhängiges Auftreten bei nicht näher miteinander verwandten Formen erkannte: Der rote Blutfarbstoff Hämoglobin wird sowohl bei Vertretern der Anneliden, Arthropoden und Mollusken als auch bei den Vertebraten angetroffen. Homologisierbar sind nicht nur morphologische und biochemische Strukturen, auch physiologische Funktionen und ethologische Merkmale – z.B. Balzverhalten und Vogelgesänge bzw. ihre Elemente – sind an Hand der Homologiekriterien auf ihre phylogenetischen Zusammenhänge überprüfbar. Bei ethologischen Merkmalen ist allerdings das Vorhandensein erlernbarer Elemente zu berücksichtigen.

## 11.7 Analogie

Als analog werden Strukturen bezeichnet, die auf Grund ihrer gleichen Funktion übereinstimmen. Analoge Strukturen entstehen auf dem Wege der Konvergenz oder der parallelen Evolution. Da Homologie und Analogie als Alternativen zueinander anzusehen sind, sind homologe Strukturen gleicher Funktion nicht als Analogien aufzufassen. Diese Alternative kommt in der auf S. 15 gegebenen Analogiedefinition von R. Owen zum Ausdruck.

Als strukturelle Analogien oder K o n s t r u k t i o n s a n a l o g i e n (G. Osche) werden nichthomologe Strukturen bezeichnet, die einen übereinstimmenden Funktionsmechanismus besitzen und folglich sehr große Ähnlichkeiten aufweisen. Als Beispiel hierfür seien die hochkomplexen, bis in strukturelle Einzelheiten miteinander übereinstimmenden Linsenaugen der Cephalopoden und der Wirbeltiere genannt (Fig. 24). Als R o l l e n a n a l o g i e n werden Strukturen bezeichnet, die die gleiche

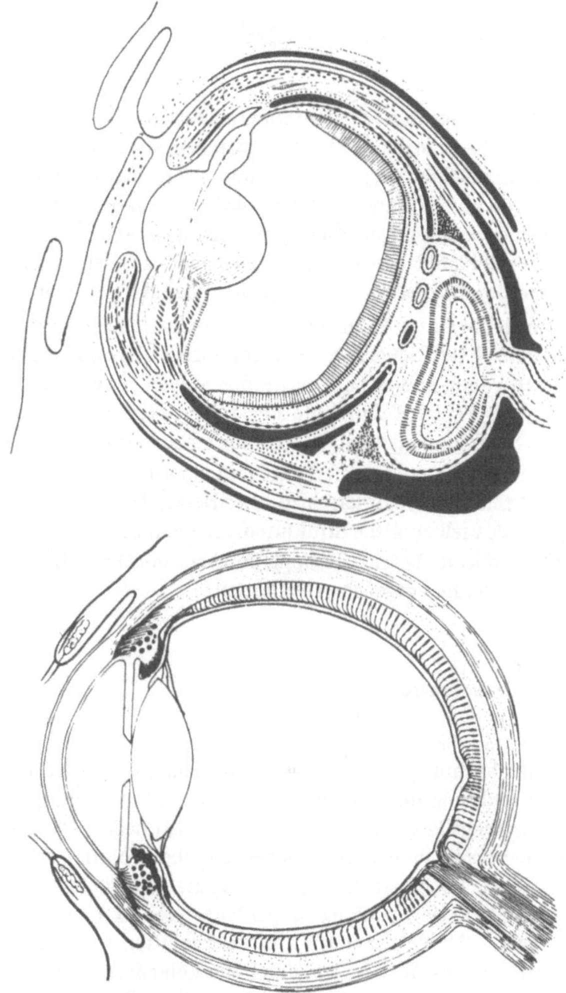

Fig. 24
Schematischer Sagittal-
schnitt durch das Auge
eines Tintenfisches (oben)
und eines Säugetiers (un-
ten), (aus P. P. Grassé [6])

biologische Rolle ausüben, die gleiche Aufgabe aber mit unterschiedlichen Mitteln lösen.
Als Rollenanalogien sind die Flügel der Insekten einerseits und die der Vögel andererseits
anzusehen. Beide haben die gleiche Aufgabe, dem Tier das Fliegen zu ermöglichen. Sie
haben die gleiche „Funktion" im Sinne von fungieren (welche Funktion hat diese
Struktur für das Tier?), lösen aber diese Aufgabe mit unterschiedlichen Funktions-
mechanismen (hier ist „Funktion" im Sinne von Funktionalität zu verstehen; wie funk-
tioniert diese Struktur?). Rollenanaloge Strukturen brauchen folglich keine morphologische Ähnlichkeit zu besitzen. Eine solche Ähnlichkeit ist kein Kriterium für Analogie.

Gleiche Lebensformtypen (s. S. 15) sind rollenanalog, unabhängig davon, ob ihnen
konstruktionsanaloge Strukturen (Kakteen — sukkulente Euphorbien) zukommen.

## 11.8 Homoiologie und Homoplasie

Analoge Strukturen (Konstruktionsanalogien), die phylogenetisch unabhängig voneinander an homologen Strukturen entstehen, werden den Analogien an nicht homologen Strukturen (Euanalogien) als Homoiologien entgegengestellt. Euanalogien sind das Produkt von konvergenter Evolution, während bei paralleler Evolution Homoiologien entstehen können. Als Homoiologien sind die innerhalb der Ordnung der Zahnkarpfen in mehreren Familien unabhängig voneinander aus den Strahlen der Afterflosse entstandenen Begattungsorgane (Gonopodien) der Männchen anzusehen.

Parallele Evolution kann auch zu Homoplasien führen. Als Beispiel hierfür seien die bereits erwähnten Saugnäpfe der Fledermäuse *Thyroptera* und *Myzopoda* genannt. In beiden Fällen sind an entsprechenden Stellen der Extremitäten über die Zwischenstufe von Druckpolstern Saugnäpfe entstanden. Trotz weitgehender Übereinstimmung sind diese Strukturen nicht als Homoiologien zu betrachten, da wesentliche Elemente derselben nichthomologer Herkunft sind. So sind z.B. die zur Funktion als Saugnapf wichtigen Muskeln unterschiedlicher Herkunft. Der nach O. Haas und G. G. Simpson für strukturell ähnliche Strukturen, die nicht auf homologe Vorläufer zurückgehen, anzuwendende Begriff Homoplasie überschneidet sich zum Teil mit der Strukturanalogie in der hier gegebenen Definition.

## 11.9 Orthogenese

Die Beobachtung, daß die Evolution bestimmter Strukturen über lange Zeiträume in einer Richtung zu verlaufen scheint, hat zur Postulierung richtender Kräfte geführt. Für derartige Phänomene hat Th. Eimer den Begriff Orthogenese geprägt. Als Paradebeispiel für eine Orthogenese galt die Evolution der Pferdeextremitäten (s. S. 24), schien doch hier eine richtende Kraft wirksam zu sein, die schrittweise und zielgerichtet die Umwandlung der pentadactylen Extremität in den unpaaren Equidenhuf bewirkt. — Heute wissen wir, daß die Evolution der Equiden durch die Erschließung neuer ökologischer Nischen, durch die Veränderung der Umwelt infolge Klimawechsels zustande gekommen ist. Man kann allenfalls von O r t h o s e l e k t i o n reden, aber auch dieser Terminus ist für dieses Beispiel nicht treffend, denn die Phylogenese der Equiden war weder geradlinig noch kontinuierlich. Die heutigen Equiden sind nur ein Zweig eines Stammbaums mit divergierenden Zweigen.

Nicht alle Fälle scheinbarer Orthogenese lassen sich durch das Wirken von Selektionsdrücken auf die betreffende Struktur erklären.

In verschiedenen Organismengruppen sind im Laufe der Evolution Strukturen entstanden, denen auch bei kritischer Betrachtung kein positiver Selektionswert zuzusprechen ist. Diese Merkmale scheinen für den Organismus bedeutungslos zu sein (atelisch) oder sogar zweckwidrig (dystelisch). Hierher gehören Exzessivbildung wie die bizarren Auswüchse bei Zikaden der Familie Membracidae (Fig. 25) und übermäßig entwickelte Ge-

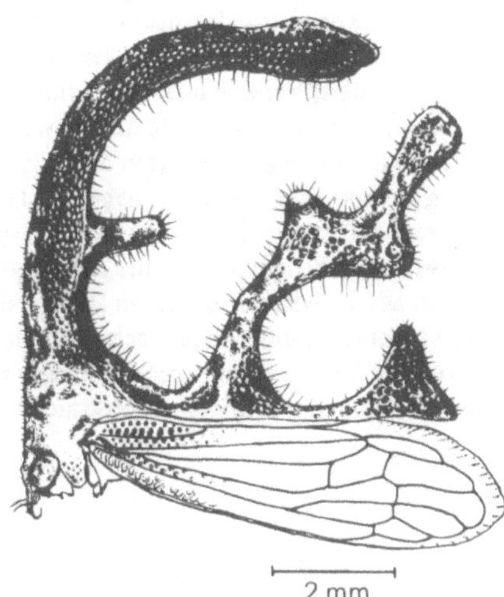

Fig. 25
*Sphongophorus occidentalis* Strümpel, eine
Zikade (Membracide) mit bizarren Auswüchsen.
Beine weggelassen, (nach Strümpel 1972).



weihe bei Paarhufern. Viele dieser Luxusbildungen konnten als Proportionsänderungen infolge allometrischen Wachstums erklärt werden. Es ist bekannt, daß verschieden große Tiere gleichen Bautyps aus funktionellen Gründen (man denke z.B. an die Veränderung der Relation Körperoberfläche zu Körpervolumen) unterschiedlich proportioniert sind. Proportionsänderungen, die mit Größenänderungen einhergehen, sind oft regelhaft, d.h. Änderung der Körpergröße und Änderung der Größe einzelner Organe stehen in bestimmter Relation zueinander. Man spricht von p o s i t i v e r  A l l o m e t r i e  einer Struktur, wenn diese schneller an Größe zunimmt als der Gesamtkörper. Im umgekehrten Fall haben wir es mit  n e g a t i v e r  A l l o m e t r i e  zu tun. Isometrie liegt vor, wenn die betreffende Struktur und der Körper im gleichen Maße wachsen. Allometrisches Wachstum beobachtet man beim Heranwachsen eines Individuums ( o n t o g e n e t i s c h e  A l l o m e t r i e ), bei unterschiedlich großen adulten Individuen derselben Population oder Art ( i n t r a s p e z i f i s c h e  A l l o m e t r i e ), bei verschieden großen Arten innerhalb einer Gattung oder Familie ( i n t e r s p e z i f i s c h e  A l l o m e t r i e ) und schließlich bei unterschiedlich großen Formen phylogenetischer Reihen ( e v o l u t i o n ä r e  A l l o m e t r i e ). Für viele Exzessivbildungen ist positive Allometrie als Ursache nachgewiesen worden: H. Strümpel konnte dies für Auswüchse des Pronotums bei Membraciden nachweisen, K. Meunier legte entsprechendes Beweismaterial für die „Geweihbildungen" bei Hirschkäfern (Lucanidae) vor.

Viele Strukturen, die als zweckwidrige Luxusbildungen angesehen wurden, fanden ihre Deutung als auslösende Merkmale bei der Balz (s. Abschn. 8.4) und im Zusammenhang mit ethologischen Isolationsmechanismen.

Bei mancher scheinbar orthogenetischer Reihe wird nach einer funktionellen Erklärung gesucht, nach einem auf die sich „gerichtet" evoluierende Struktur einwirkenden Selektionsdruck.

Es ist daran zu erinnern, daß die Selektion auf den Gesamtgenotyp einwirkt und manches Merkmal gewissermaßen als „Nebeneffekt" einer aus anderen Gründen anscheinend „kanalisiert" verlaufenden Evolution entsteht: Bei Männchen der Gattung *Xiphophorus* tritt an der Ventralkante der Schwanzflosse eine Verlängerung einiger Flossenstrahlen auf. Ursprünglichen Arten dieser Zahnkarpfengattung fehlt der Fortsatz, bei anderen ist er als von Art zu Art abgestuft längeres Schwertchen ausgebildet. Nur bei Arten mit sehr langem Schwert (*X. helleri*) spielt dieses eine gewisse Rolle bei der Balz. Ein positiver Selektionswert wurde allerdings auch hier nicht nachgewiesen. Ein System von additiv wirksamen Genen konnte als für den Ausprägungsgrad
dieser Struktur verantwortlich nachgewiesen werden. Im Laufe der Evolution kam es also zu einer Anreicherung von Schwertgenen, ohne daß der von diesen Genen kontrollierte Phänotyp einem Selektionsdruck unterliegt (Fig. 26).

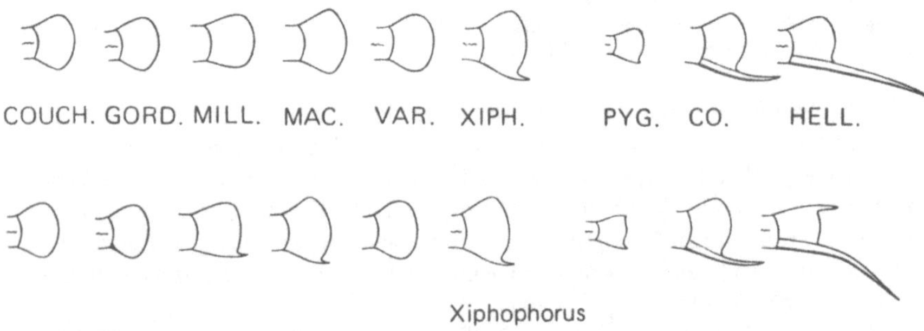


Fig. 26 Ausbildung der Schwanzflosse von neun Arten lebendgebärender Zahnkarpfen der Gattung Xiphophorus. Obere Reihe: normale Ausbildung der Schwanzflosse männlicher Tiere. Untere Reihe: Schwanzflossen von Individuen, die über längere Zeit mit hohen Dosen männlichen Geschlechtshormons (Methyltestosteron) behandelt wurden. Bei zwei Arten (Mill. und Mac.), die normalerweise kein Schwertchen besitzen, entstand eine solche Flossenstrahlenverlängerung unter Hormoneinfluß, bei Hell. wuchs sogar an der Dorsalkante der Flosse eine solche Verlängerung (aus [4])

## 11.10 Latente Potenzen

Die schwertartigen Fortsätze an der Schwanzflosse von *Xiphophorus*-Arten stehen als männliche sekundäre Geschlechtsmerkmale unter der Kontrolle männlicher Geschlechtshormone. Bei *Xiphophorus milleri* und *X. maculatus*, die normalerweise auch im männlichen Geschlecht eine abgerundete Schwanzflosse besitzen, ließ sich durch längere Behandlung mit hohen Dosen androgenen Hormons ein „Schwertchen" erzeugen, wie es normalerweise bei Männchen von *X. xiphidium* auftritt. Bei *X. helleri*, der Art mit dem längsten „Schwert" an der Ventralkante der Schwanzflosse, wuchsen nach langer

Testosteronbehandlung zusätzlich an der Dorsalkante der Schwanzflosse einige Flossenstrahlen zu einem entsprechenden, wenn auch kürzeren Fortsatz (Fig. 26, untere Reihe). Es wurde ein Merkmal induziert, das für diese Gattung nicht bekannt war. Diese Zahnkarpfen besitzen also Gene für Strukturen, die zumindest bei der betreffenden Art im Phänotyp nicht in Erscheinung treten.

Das Vorhandensein solcher nicht realisierter latenter Potenzen konnte in vielen Fällen nachgewiesen werden. Hemmungsmechanismen unterbinden die phänotypische Realisation derselben. Nur selten lassen sich diese so leicht überwinden wie in dem geschilderten Fall. Latente Potenzen spielen bei der Erschließung neuer ökologischer Nischen eine Rolle, weil eventuell im Genotyp vorhandene Anlagen für neue Funktionen jetzt „abgerufen" werden können (vgl. auch S. 36).


## 11.11 Irreversibilität der Evolution (Dollosches Gesetz)


Die Evolution der Organismen ist ein einmaliger, ein historischer Vorgang. Jeder Evolutionsschritt beruht auf dem Zusammenwirken vieler Faktoren. Und der Aufbau einer komplizierten Struktur ist ein höchst komplexer Vorgang. Eine Rückevolution zu dem ursprünglichen Zustand ist daher aus einleuchtenden Gründen nicht möglich.

Das von dem Paläontologen L. Dollo aufgestellte Gesetz der Irreversibilität drückt folglich eine Selbstverständlichkeit aus. Dieses Gesetz besagt, daß eine stammesgeschichtlich jüngere Form nicht mehr zu der Gestalt älterer Formen derselben Stammesreihe zurückkehren kann.

Einzelne einfache Evolutionsschritte jedoch können durch entsprechende Rückmutationen wieder rückgängig gemacht werden. Eine ungerechtfertigte Anwendung des Dolloschen Gesetzes ist es, wenn gewisse „Trends" in der Evolution für irreversibel gehalten werden. – In vielen Tiergruppen ist ein Trend zum Größerwerden im Laufe der Phylogenese zu beobachten. Diese evolutive Größenzunahme ist als allgemeine Gesetzlichkeit der transspezifischen Evolution betrachtet worden: C o p e s c h e s  G e s e t z. Eine solche Größenzunahme ist nicht irreversibel und auch nicht generell verbreitet. Die Erschließung gewisser ökologischer Nischen, z.B. die Besiedlung des Lückensystems des Bodens, ist sogar mit dem Zwang zum Kleinerwerden verbunden.

Das Irreversibilitätsgesetz darf auch nicht in dem Sinne verstanden werden, daß einer Tiergruppe nach der Erschließung einer neuen ökologischen Nische, nach der Besiedlung eines neuen Lebensraumes die Rückkehr absolut verwehrt ist. Ichthyosaurier und Wale zeigen, daß terrestrische Vertebraten wieder in den aquatischen Lebensraum zurückkehren können. Eine Rückevolution hat aber nicht stattgefunden: Diese sekundären Meeresbewohner haben nicht wieder Kiemen ausgebildet, sondern atmen durch Lungen.

Auch die sekundäre Funktionserweiterung der Schwimmblase einiger Knochenfische zum zusätzlichen Atemorgan (s. S. 54) ist keine Rückevolution zum Stadium alter Fische mit einer Lunge (Rhipidistia).

### 11.12 Koevolution

Im allgemeinen wird die Evolution einzelner Organismengruppen relativ isoliert betrachtet. Die Evolution der heute existierenden Organismenwelt in ihrer ganzen Vielfalt und Komplexität ist aber nur zu verstehen, wenn man die engen Zusammenhänge zwischen den Evolutionsstufen der verschiedenen Organismengruppen eines Lebensraumes sieht. Die komplexe Wechselwirkung der Glieder einer Biozönose, wie sie sich z.B. in den Nahrungszyklen widerspiegelt, zeigt, daß jede Biozönose ein in sich integriertes System ist. Derartige Systeme können nur dadurch entstehen, daß die Evolution der Glieder des Systems in enger Abhängigkeit voneinander erfolgt ist. Die Besiedlung des festen Landes durch Tiere war erst möglich, nachdem es Landpflanzen gab. In vielen Phasen des stammesgeschichtlichen Großablaufs eilt die pflanzliche Evolution der tierischen voraus. – Ökologische Nischen für eine räuberische Lebensweise können erst erschlossen werden, wenn pflanzenfressende Tiere existieren. Andererseits ist die Evolution der Angiospermen in Abhängigkeit von Insekten vor sich gegangen, wie A. Takhtajan überzeugend darlegt. Die Mundwerkzeuge anthophiler Insekten wiederum haben sich in Koevolution mit entsprechenden Blüten herausgebildet (s. Abschn. 9.3.1). Ebenso ist die Evolution von Parasiten eng an die ihrer Wirte gekoppelt (s. Kapitel 12). Der Begriff Koevolution wird im allgemeinen für die evolutiven Beziehungen zweier aneinander gebundener Formen verwendet. Im weiteren Sinn sind jedoch die komplexen·evolutiven Beziehungen zwischen den verschiedenen Gliedern jeder Biozönose als Koevolution zu deuten.


## 12 Parasitismus


Beispiele für extreme Koevolution liefert die große Zahl parasitischer Organismen. Haben wir es hier doch mit Lebewesen zu tun, die auf ihre Wirte angewiesen sind, die ohne dieselben nicht leben können. Der Wirt ist Nahrungsquelle und meistens auch Lebensraum des Parasiten. Die evolutive Anpassung scheint auf den ersten Blick jedoch nur einseitig zu sein, denn der Wirtsorganismus wird durch den Parasiten belästigt oder geschädigt und würde parasitenfrei besser leben. Die meisten Lebewesen sind aber von Parasiten befallen, ohne besondere Krankheitssymptome zu zeigen oder in ihren Lebensleistungen beeinträchtigt zu sein. Es dürfte kaum einen Vogel ohne Mallophagen im Gefieder und kaum ein Wirbeltier ohne Nematoden im Darmkanal zu finden sein. Die Wirtstiere haben Schutz- und Abwehrmechanismen entwickelt, die ein Überhandnehmen von Parasiten und eine ernste Schädigung durch dieselben verhindern. Es sind also auch von Seiten der Wirtsorganismen evolutive Anpassungen an ihre Parasiten vorhanden. Nur im Falle einer Schwächung des Wirts, z.B. infolge von Nahrungsmangel, werden die Parasiten überhandnehmen und zu Erkrankung oder Tod führen. Ein krasses Beispiel für Abwehrmechanismen gegen Parasiten haben wir auf S. 58 in dem Sichelzellengen des Menschen kennengelernt.

Parasiten gibt es in den meisten Tiergruppen. In vielen Klassen treten neben einer großen Zahl freilebender nichtparasitischer Formen einige Parasiten auf. Andere Gruppen,
z.B. die Trematoden, die Cestoden und die Acanthocephalen oder die Insektenordnun-
gen der Phthirapteren und Siphonapteren, sind ausnahmslos parasitisch. Der Parasitismus ist eine abgeleitete Lebensweise; alle Parasiten stammen von nicht parasitischen
Vorfahren ab. Der stammesgeschichtliche Weg zum Parasitismus ist selbst innerhalb
nahe verwandter Gruppen mehrfach unabhängig voneinander beschritten worden.
Wenn auch fossile Dokumente über die Evolution parasitischer Organismen weitgehend
fehlen, so läßt sich doch die Entstehung vieler Ektoparasiten relativ leicht rekonstruieren. Die meisten der mehr als 30 000 bekannten Arten der Insektengruppe der Heterop-
tera (Wanzen) leben von Pflanzensäften, einige Wanzen sind Räuber, andere – z.B. die
Familie Cimicidae, zu der die Bettwanze (*Cimex lectularius*) gehört – schließlich sind
an warmblütigen Wirbeltieren blutsaugende Ektoparasiten. Der Übergang von der räu-
berischen zur parasitischen Lebensweise wird von einigen Reduvioiden demonstriert.
Diese Wanzen saugen im Freien lebend Insekten aus, dringen aber auch in menschliche
Behausungen ein und zapfen dann dem Menschen Blut ab. Die meisten blutsaugenden
Wanzen sind temporäre Parasiten, d.h. sie suchen ihren Wirt nur zur Nahrungsaufnahme auf. Die Polyctenidae jedoch – an Fledermäusen parasitierende blinde Wanzen –
leben ständig auf dem Körper ihrer Wirte (stationäre Parasiten). Ausschließlich stationäre Parasiten sind in der Ordnung der Phthiraptera (Federlinge, Haarlinge und Läuse)
zu finden. Die stammesgeschichtliche Verwandtschaft dieser Insekten mit den freilebenden Staubläusen (Psocoptera) zeigt zugleich den wahrscheinlichen Weg zum Parasitismus
auf. Psocopteren leben an Zweigen, in Heu und Stroh und auch in Vogelnestern. Zur
Eroberung des Vogelgefieders sind dann nicht mehr viele Evolutionsschritte notwendig.

Die Evolution entoparasitischer Darmbewohner der Wirbeltiere aus freilebenden Vorfahren erfordert dagegen die Überwindung großer Barrieren. Sind doch die Umweltverhältnisse im Darmtrakt extrem abweichend von den vermutlich terrestrischen oder
aquatischen Lebensräumen der freilebenden Verwandten dieser Parasiten. Ständig
herrscht eine Temperatur von ca. 37 °C, Licht fehlt völlig, Sauerstoff zum Atmen ist
kaum vorhanden. Ferner müssen die Darmparasiten eiweißspaltenden Fermenten wider-
stehen und auch gegen toxische Verdauungsprodukte resistent sein. Die entoparasiti-
sche Lebensweise setzt auch eine extrem hohe Vermehrungsrate voraus, um die ständige Neuinfektion von Wirtstieren und damit die Erhaltung der Art zu gewährleisten.
Außerdem sind resistente Dauerstadien erforderlich, die bis zur Aufnahme durch einen
neuen Wirt überdauern können. Bei vielen Entoparasiten wird die Übertragung durch
Zwischenwirte gewährleistet.

Ein Tier, das den Lebensraum Darm erobert, muß sofort alle die genannten Bedingungen erfüllen, oder es geht zugrunde. Derartig extreme und komplexe evolutive Veränderungen sind nach unseren Kenntnissen über die Gesetzmäßigkeiten der Evolution in
einem Schritt nicht möglich. Wie die Cestoden und Acanthocephalen – durchweg hochspezialisierte Darmparasiten – aus freilebenden Vorfahren entstanden sind, läßt sich
nur sehr grob rekonstruieren. In der Klasse der Nematoden jedoch finden wir alle
Übergänge von freilebenden Formen zu verschiedenen Stufen des Parasitismus. G. Osche
zeigt an Hand von Beispielen aus dieser Gruppe die möglichen Wege auf, die

zu entoparasitischer Lebensweise führen. Freilebende Nematoden, die meist nur eine Länge von wenigen Millimetern erreichen, leben in großer Arten- und Individuenzahl in den verschiedensten aquatischen und terrestrischen Biotopen. Viele Nematoden ernähren sich von Bakterien. Bakterienreiche Lebensräume sind daher für sie als Nahrungsquellen attraktiv. Zu besonders reicher Bakterienentwicklung kommt es in saproben Substraten (z.B. tierischen Kadavern). In den Phasen starker Zersetzung entstehen im Inneren dieser Substrate Bedingungen, die für freilebende Organismen sehr ungünstig sind: Sauerstoff ist kaum vorhanden, dagegen sind Bakterienfermente und Eiweißabbauprodukte in hoher Konzentration anzutreffen. Außerdem kommt es oft zu einem hohen Temperaturanstieg. Wir haben hier also Verhältnisse, die in vieler Hinsicht denen im Inneren eines Wirbeltierdarmtraktes entsprechen. Nematoden, die an derartig saprobe Verhältnisse angepaßt sind, besitzen bereits weitgehend die Voraussetzungen für das Leben als Darmparasit. Der evolutive Schritt zur Eroberung der neuen ökologischen Nische bereitet keine Schwierigkeiten mehr. – Der Weg zur Erschließung extrem saprober Substrate wird durch Formen markiert, die an verschiedene Zwischenstufen unterschiedlich starken Einflusses bakterieller Zersetzungsvorgänge angepaßt sind.

In einer weiteren Hinsicht stehen saprobionte Organismen vor ähnlichen Problemen wie Parasiten. Mechanismen müssen entwickelt werden, die das ständige Auffinden neuer geeigneter Lebensräume bzw. Wirtstiere gewährleisten. Pflanzen- und Tierreste zersetzen sich in relativ kurzer Zeit völlig und bieten dann saprobionten Organismen keinen geeigneten Lebensraum mehr. Nematoden besitzen im Gegensatz etwa zu flugfähigen Insekten im allgemeinen nicht die Möglichkeit, durch eigene Lokomotionsfähigkeit gezielt neue saprobe Lebensräume aufzusuchen. Saprobionte Nematoden produzieren, wie auch parasitische Organismen, eine im Vergleich zu freilebenden Formen sehr große Zahl von Nachkommen, um die Wahrscheinlichkeit der Neubesiedlung geeigneter Lebensräume zu erhöhen. Außerdem sind sowohl bei Saprobionten als auch bei Parasiten Dauerstadien entwickelt, die in der Lage sind, Zeiten ungünstiger Bedingungen bis zum Auffinden einer neuen Nahrungsquelle zu überstehen. Bei Nematoden wird das dritte Larvenstadium zu einer solchen Dauerform. Viele Dauerlarven saprobionter Nematoden heften sich außerdem an Insekten an, die ähnliche Substrate bewohnen, und lassen sich von ihnen zu neuen Nahrungsquellen transportieren.

Viele parasitische Tiere – sowohl Ekto- als auch Entoparasiten – sind streng an einen bestimmten Wirt gebunden, d.h. sie können nur auf bzw. in einer Tierart leben. Andere Parasiten sind in der Lage, eine größere Zahl oft nahe miteinander verwandter Wirte zu befallen. Nur relativ gering ist die Zahl der Parasiten mit einem ziemlich breiten Wirtsspektrum. Die Bindung des Parasiten an seinen Wirt ist das Ergebnis evolutiver Anpassung im Laufe von langen Zeiträumen, d.h. die Evolution wirtsspezifischer Parasitengruppen verläuft parallel zu der ihrer Wirte. Also sollte auch der Stammbaum der Parasiten mit seinen verschiedenen Verzweigungen weitgehend mit dem der entsprechenden Wirtstiergruppe übereinstimmen. In vielen Fällen läßt sich in der Tat eine derartige Parallelkladogenese feststellen. Voraussetzung hierfür ist, daß die reproduktive Isolation der Wirtstiere im Verlauf der Speziation auch eine Separation der Parasiten bewirkt. Das trifft natürlich nur dann zu, wenn eine streng intraspezifische Übertragung der Parasiten gewährleistet ist.

Auch in den Fällen, in denen eine weitgehende Übereinstimmung der Evolution von Parasiten und Wirtstieren zu beobachten ist, verläuft diese nie synchron. Die Evolutionsgeschwindigkeit der Parasiten ist langsamer als die der Wirte. Bei diesen werden in der Regel stärkere evolutive Veränderungen zu beobachten sein als bei jenen. Das ist verständlich, wenn man bedenkt, daß auch bei Erschließung neuer Lebensräume durch den Wirt, die entsprechende Adaptationen notwendig macht, die Umwelt des Parasiten im Inneren oder etwa im Fell oder Gefieder des Wirts relativ konstant bleibt. Extreme Veränderungen der Wirtstiere beeinträchtigen jedoch auch ihre Parasiten. Wie die meisten plazentalen Säugetiere, dürften auch die Vorfahren der Flußpferde (Hippopotamidae), der Seekühe (Sirenia) und der Wale (Cetacea) von Läusen (Anoplura) befallen gewesen sein. Der Übergang zum Leben im Wasser und der Verlust des Haarkleides nahmen diesen Parasiten jedoch die Existenzbedingungen, so daß sie bei den genannten Säugergruppen jetzt fehlen. Den Läusen der haartragenden Robben (Pinnipedia) dagegen ist es gelungen, Adaptationen an die veränderten Lebensbedingungen zu entwickeln. Die auf See-Elefanten (*Mirounga*) parasitierende Laus *Antarctophthirius microchir* dürfte die stärksten Abweichungen von der normalen Lebensweise der Läuse im Haarkleid ihrer Wirte ausgebildet haben. Diese Art bohrt sich in die Haut ihres Wirts ein. Bei den See-Elefanten lösen sich beim Haarwechsel auch die äußeren Hautschichten ab. Nur das Leben in tieferen Regionen der Haut bewahrt die Laus davor, abgeworfen zu werden.

Wirtsspezifität und parallele, aber im Vergleich zu ihren Wirten retardierte Evolution von Parasiten ermöglichen es, von erkannten verwandtschaftlichen Beziehungen der Parasiten Rückschlüsse auf die Verwandtschaft der betreffenden Wirtstiere zu ziehen. Parasitologische Befunde können also wichtige Elemente taxonomischer Forschung sein (s. Kapitel 15). In vielen Fällen werden die auf Grund unterschiedlicher Merkmalskategorien erkannten phylogenetischen Beziehungen verschiedener Tiere durch entsprechende Ergebnisse parasitologischer Untersuchungen bestätigt und abgesichert. So spiegelt sich die Verwandtschaft der altweltlichen Kamele der Gattung *Camelus* mit den neuweltlichen Kleinkamelen der Gattung *Lama* in dem gemeinsamen Besitz von Läusen der Gattung *Microthoracius* wider, die bei keinem anderen Säugetier angetroffen werden.

Wichtiger sind jedoch die Fälle, in denen parasitologische Befunde Hinweise auf bislang unsichere oder ungeklärte verwandtschaftliche Beziehungen der Wirte geben. Die Flamingos (Phoenicopteridae) haben einerseits Merkmale, die für ihre Zuordnung zu den Storchenvögeln (Ciconiiformes) sprechen, andererseits aber auch solche, die auf eine Verwandtschaft mit den Entenvögeln (Anseriformes) schließen lassen. Sämtliche Mallophagen der Flamingos (drei verschiedene Gattungen) sind mit der der Anseriformes verwandt, zeigen jedoch keinerlei Beziehungen zu denen der Störche und Reiher. Der Flamingoparasit *Flamingobius pygaspis* ist den Entenparasiten der Gattung *Anatoecus* nächstverwandt.

Voraussetzung für taxonomische Aussagen auf Grund parasitologischer Befunde ist der Nachweis einer strengen Wirtsspezifität der betreffenden Parasiten. Hierüber lassen sich keine generellen Aussagen machen, da oft nah verwandte Arten sich in dieser Hinsicht sehr unterschiedlich verhalten. So sind von den in Blutgefäßen lebenden Erregern der Bilharziose die Arten *Schistosoma haematobium* und *mansoni* fast ausschließlich auf den Menschen beschränkt, *Sch. japonicum* und *intercalatum* dagegen befallen eine große Zahl verschiedenster Säugetiere. Schwierigkeiten bereiten solche Parasiten, die über lange Zeiträume wirtsgebunden sind, bei gelegentlichem Kontakt aber erfolgreich andere Wirte besiedelt haben und auf diesen dann zu neuen Arten geworden sind. Die kaninchenähnlichen, aber zu den Huftieren gehörenden Schliefer (Hyrocoidea) beherbergen eine Reihe von Bandwurmarten zweier Gattungen der Familie Anoplocephalidae: *Anoplocephala* und *Inermicapsifer*. *Anoplocephala* wird in einer Anzahl von Arten in verschiedenen Huftieren gefunden, jedoch nicht in anderen Säugetieren: *Inermicapsifer* hat dagegen seine ursprüngliche und Hauptverbreitung in Nagetieren. *Anoplocephala* dürfte also auf die Schliefer von ihren Huftierahnen überkommen sein, während *Inermicapsifer* durch Überwanderung von Nagetieren übernommen wurde.

Recht groß ist die Wahrscheinlichkeit der Überwanderung von Parasiten auf nahe verwandte Wirtsarten (W i r t s k r e i s e r w e i t e r u n g). Die Verwendung parasitologischer Kriterien zur Aufklärung verwandtschaftlicher Beziehungen innerhalb niedriger systematischer Einheiten bedarf folglich besonders kritischer Prüfung. Auch in solchen Fällen, in denen keine Überwanderung von Parasiten stattgefunden hat, stimmt der Stammbaum der Wirtstiergruppe oft nicht vollständig mit dem der Wirte überein. Wenn die Parasiten die Speziationsvorgänge der Wirte teilweise nicht mitmachen oder nicht von allen Tochterarten der ursprünglichen Wirtsart übernommen werden, ist die Parallelität der Stammbäume gestört.

So relativ klein die evolutiven Veränderungen von Parasiten im Vergleich mit ihren Wirten sind, so groß sind die Unterschiede der meisten Parasiten zu ihren freilebenden Vorfahren. Wie wir bereits gesehen haben, macht der Übergang zu parasitischer Lebensweise Anpassungen an extrem veränderte Umweltverhältnisse notwendig. Parasiten zeigen dementsprechend starke morphologische Veränderungen. Besonders auffällig sind die starken Rückbildungserscheinungen vieler Parasiten. Für das Leben im Inneren anderer Tiere sind viele Organe und Strukturen überflüssig oder gar hinderlich, die ein freilebender Organismus unbedingt benötigt. Lichtsinnesorgane und Körperpigmentierung werden von Lebewesen, die in völliger Dunkelheit leben, ebensowenig benötigt wie Lokomotionsorgane bei solchen Arten, die ständig festgeheftet in oder an ihrem Wirt leben. Darmparasiten, die die bereits vorverdaute Nahrung durch ihre Körperoberfläche aufnehmen, können ihren Darmkanal zurückbilden, wie es die Cestoden und Acanthocephalen zeigen. Andererseits benötigen Parasiten besondere Einrichtungen, um sich an oder im Wirt festzuheften. Als Anpassung an die parasitische Lebensweise sind daher oft Haken, Stacheln und Saugnäpfe ausgebildet.

Die extremen Rückbildungserscheinungen vieler Parasiten erschweren oft ihre Zuordnung zu den ihnen nächst verwandten freilebenden Organismen. Die schlauchförmige, in Holothurien parasitierende Schnecke *Entoconcha* wurde von ihrem Entdecker Johannes Müller für ein Organ ihres Wirts gehalten. An seiner freilebenden Veligerlarve ist dieser Parasit jedoch als Mollusk zu erkennen. Entsprechendes gilt für einige parasitische Copepoden und Cirripedier, die an Hand ihrer typischen Naupliuslarven als Angehörige dieser Crustaceen-Klassen identifiziert werden können.

# 13 Regressive Evolution

Viele Parasiten liefern anschauliche Beispiele für die regresssive oder degenerative Evolution. Wie in Abschn. 5.4 (Rudimentation) und Abschn. 11.5 (Substitution der Funktionen) bereits angedeutet, ist regressive Evolution nicht auf in ihrem Körperbau auffällig rückgebildete Abkömmlinge hochdifferenzierter Organismen beschränkt. Rückbildungen von Strukturen und Organen treten überall im Laufe der Evolution auf, auch Anagenesen sind von ihnen begleitet. Es dürfte kaum eine hochevoluierte Organismengruppe geben, bei der nicht Organe ihrer Vorfahren rückgebildet worden sind. Besonders auffällig sind jedoch jene Beispiele regressiver Evolution, bei denen Merkmale höherer Organisation, die für den Organismus biologisch nutzlos geworden sind, relativ schnell rückgebildet wurden. Das ist in erster Linie der Fall bei der Erschließung neuer ökologischer Nischen, die zu extremen Veränderungen von Umweltbedingungen oder Lebensweisen führen. Hierzu gehören die Eroberung von Höhlen und anderen lichtfreien Lebensräumen — Grundwasser, tiefere Regionen des Erdbodens, Tiefsee — und der Übergang zu sessiler oder parasitischer Lebensweise. Lichtsinnesorgane und Körperpigmente bzw. Lokomotionsorgane und Einrichtungen zur Nahrungsaufnahme, um nur einige Beispiele zu nennen, können rückgebildet werden. Bei der Erschließung gleicher extremer Lebensräume durch Vertreter unterschiedlicher Tiergruppen beobachten wir in der Regel konvergente Rückbildungserscheinungen. Bei Höhlenbewohnern werden die Lichtsinnesorgane rückgebildet: die Facettenaugen von Arthroproden ebenso wie die Linsenaugen der Vertebraten. Das gleiche gilt für die dunklen Körperpigmente, seien es die Melanine der Wirbeltiere und vieler Wirbelloser oder etwa die chemisch ganz andersartigen Ommochrome der Asseln. Eine Reihe von Tieren aus Höhlengewässern erwiesen sich als besonders geeignete Objekte zum Studium der regressiven Evolution. In den Fällen, in denen diese blinden und pigmentlosen Höhlenbewohner noch mit ihren „Vorfahren" aus oberirdischen Gewässern fertil kreuzbar sind, besteht die Möglichkeit zur genetischen Analyse und Rekonstruktion der Evolutionsschritte, die zur Ausbildung der Höhlentiermerkmale führten. Die Kenntnis des geologischen Alters der Höhlen erlaubt dann auch eine ungefähre Abschätzung der Geschwindigkeit der Evolutionsprozesse. Es zeigte sich, daß regressive Evolutionsprozesse im allgemeinen unverhältnismäßig viel schneller verlaufen als konstruktive Evolutionen entsprechender Art. Nur solche Tiere sind zur Besiedlung von lichtlosen Lebensräumen in der Lage, die Präadaptationen für das Leben ohne Licht besitzen, d.h. die Tiere müssen in der Lage sein, auch bei Ausfall der optischen Orientierung ihre Nahrung zu finden und sich zu paaren.

An mexikanischen Höhlenformen zweier Süßwasserfische — des Salmlers *Astyanax mexicanus* und des lebendgebärenden Zahnkarpfens *Poecilia sphenops* — werden vor allem von H. Wilkens und G. und N. Peters ausführliche Untersuchungen über die regressive Evolution durchgeführt. Von diesen Fischen gibt es verschiedene Populationen mit unterschiedlichem Rückbildungsgrad von Augen und Körperpigment. Kreuzungsversuche zeigten, daß die regressive Evolution dieser Strukturen in relativ wenigen Mutationsschritten vor sich gegangen ist. Für die Rückbildung von Augen und

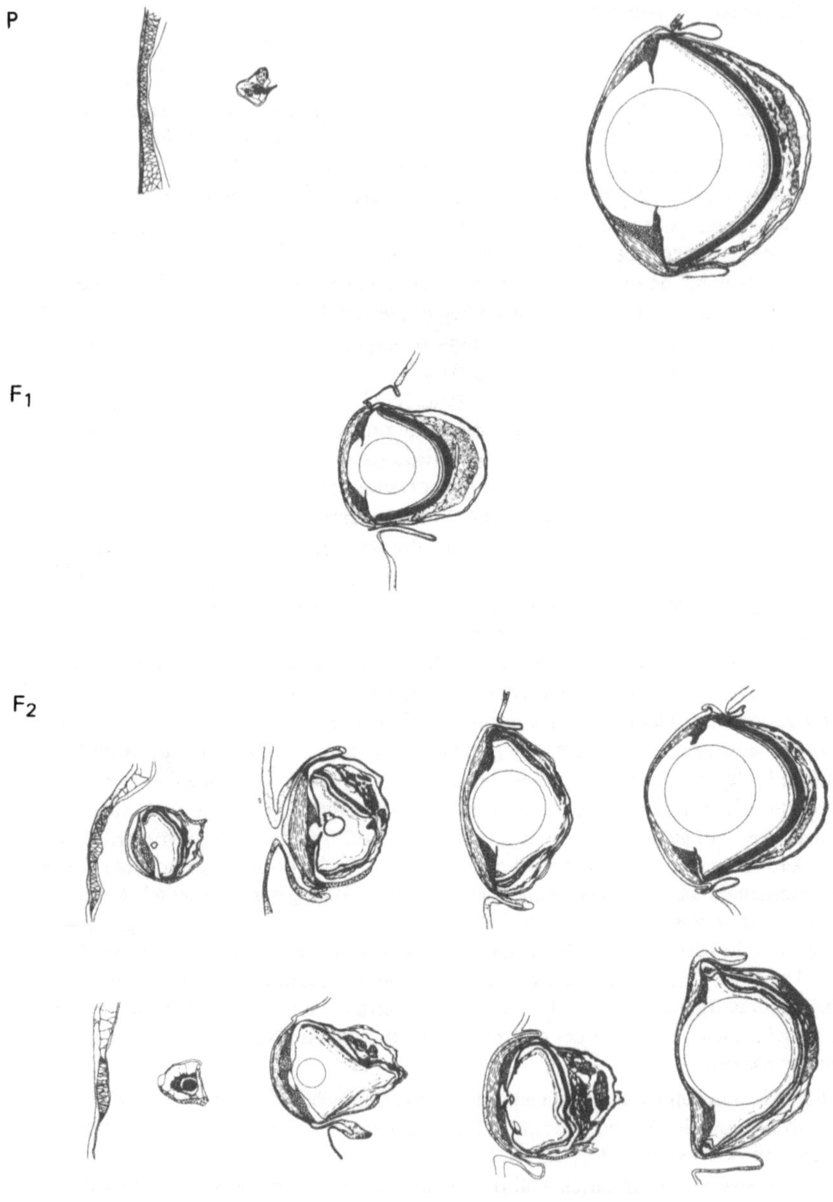

Fig. 27  Sagittalschnitte durch die Augen des oberirdischen Salmlers *Astyanax* (rechts oben), seiner Höhlenform *„Anoptichthys"* (links oben), des $F_1$-Bastards zwischen beiden (Mitte) und von acht Individuen der $F_2$-Generation unten (aus N. u. G. Peters [15])

Körperpigment sind voneinander unabhängige Gensysteme verantwortlich. $F_1$-Bastarde zwischen normal pigmentierten Fischen mit wohlentwickelten Augen aus oberirdischen Gewässern und blinden, pigmentlosen Höhlenfischen liegen hinsichtlich dieser Merkmale intermediär zwischen ihren Eltern. In der $F_2$-Generation kommt es zu einer Aufspaltung. Neben einer großen Variabilität von Zwischenformen treten auch solche Tiere auf, die weitgehend einer der beiden Elternformen ähneln (Fig. 27). Augenlose Individuen mit wohlausgebildeter Körperpigmentierung und vice versa beweisen die unabhängige Vererbung dieser Merkmalsysteme.

In einigen natürlichen Populationen von Höhlenfischen wurde ebenfalls eine große Vielfalt verschiedener Rückbildungsstufen von Augen und Pigment beobachtet. Nur zum Teil konnten diese Tiere als Bastardpopulationen zwischen „echten" Höhlenbewohnern und neu eingewanderten oberirdischen Flußfischen gedeutet werden. In den ersten Phasen der regressiven Evolution ist vielmehr eine natürliche Variabilität der Höhlentiermerkmale vorhanden.

Welche Evolutionsfaktoren bewirken nun die scheinbar zielstrebige Rückbildung von Augen und Pigment? Bei den oberirdischen Tieren existiert ein Selektionsdruck — stabilisierende Selektion — in Richtung auf Erhaltung voll funktionsfähiger Augen und schützender Körperpigmentierung. In den lichtlosen Höhlen fällt dieser Selektionsdruck weg. Mutationen, die diese jetzt funktionslosen Strukturen verändern, werden also nicht mehr eliminiert. Weder konstruktive noch regressive Mutanten gehen verloren. Alle unsere Kenntnisse über die Mutabilität zeigen, daß die Zahl der Mutationen, die zu falscher genetischer Information oder gar zum Verlust derselben führen, um ein Vielfaches größer ist als die derjenigen, die die typische Ausbildung einer Struktur aufrechterhalten oder verbessern. Zufällige Mutationsschritte werden also das harmonische genetische System, das der komplizierten Struktur des Wirbeltierauges zugrunde liegt, stören und in Unordnung bringen, sobald der Selektionsdruck wegfällt, der die Ordnung des Systems aufrechterhält.

Untersuchungen des Auges von *Astyanax* und seiner Höhlenformen haben nun gezeigt, daß der Grad der Ordnung, der Grad seiner strukturellen Differenzierung mit seiner Größe korreliert ist. Das vollentwickelte, funktionsfähige Auge ist am größten. Mutationsschritte, die zur Störung der strukturellen Ordnung führen, bewirken gleichzeitig eine Verkleinerung des Auges. Die gegenseitige entwicklungsphysiologische Abhängigkeit der einzelnen Teile des Auges bewirkt, daß eine Mutation, die einen Teil — z.B. die Linse — beeinträchtigt, sich indirekt auch auf die übrigen Teile auswirkt. Die Gesamtheit der Mutationsschritte, die zur Degeneration, Verkleinerung und Rückbildung einer komplexen Struktur führen, verhält sich also wie ein additiv polymeres Gensystem, unabhängig davon, ob die einzelnen Mutationen primär an unterschiedlichen Teilen derselben angreifen. Für die scheinbar gerichtete regressive Evolution, die wir bei den Höhlentieren beobachten, ist also in erster Linie ein hoher Mutationsdruck bei weitgehend fehlendem Selektionsdruck anzunehmen. Es besteht also ein prinzipieller Unterschied zu Phänomenen der konstruktiven Evolution, bei denen starke Selektionsdrücke wirksam sind. Ältere Interpretationen regressiver Evolution nahmen auch für die evolutive Rückbildung funktionslos gewordener Strukturen das Wirken der Selektion an. Es wurde vermutet, daß die Notwendigkeit der Energieeinsparung bei geringem Nahrungsangebot in manchen Höhlengewässern die Rückbildung funktionsloser Strukturen begünstigte, jeder regressive Mutationsschritt eine Ökonomisierung des Energiehaushalts bewirke und den betroffenen Individuen einen selektiven Vorteil verschaffe. Diese Hypothese scheint jedoch einer kritischen Überprüfung nicht standzuhalten. Da die Ausbildung von Auge und Körperpigment auch einer gewissen Modifikabilität unterliegt, wurden auch ektogenetische Deutungen zur Erklärung regressiver Evolution herangezogen. Die unterschiedliche Ausbildung von Augen und Körperpigment bei Höhlenfischen gleicher Herkunft, je nachdem, ob sie bei Licht oder in völliger Dunkelheit aufgezogen werden, bewegt sich jedoch in engen, vom Grad der genetisch fixierten regressiven Evolution gesetzten Grenzen.

Vergleicht man die Ontogenese des Auges der Höhlenfische und ihrer oberirdischen Stammform, kann man beobachten, daß im frühembryonalen Stadium die Anlage des Höhlenfischauges fast völlig der des Flußfisches entspricht. Erst im Laufe der weiteren Entwicklung bleibt das Auge in der Größe zurück und verkümmert. Beim ausgewachsenen Höhlenfisch ist nur noch ein winziges Rudiment ohne charakteristische Augenstruktur vorhanden. Es ist völlig überwachsen, also von außen nicht zu erkennen. Das Persistieren der Augenanlagen und -rudimente dürfte darauf beruhen, daß die für diese Reststrukturen verantwortlichen Gene pleiotrop im Gesamtgenotyp des Tieres integriert sind. Diese Gene können erst mutieren, nachdem ihre pleiotrope Funktion von anderen Genen übernommen wurde (s. S. 44: Transfer der Genfunktion). Die Seltenheit solcher konstruktiven Mutationen macht es verständlich, daß letzte Rudimente rückgebildeter Strukturen über phylogenetisch sehr lange Zeiträume erhalten bleiben.

Nicht nur morphologische Merkmale unterliegen der regressiven Evolution. Untersuchungen von J. Parzefall an *Poecilia sphenops* zeigen, daß auf die gleiche Art auch Verhaltensweisen rückgebildet werden, sofern sie optische Signalwirkung haben. So konnte eine genetisch fixierte graduelle Abnahme des Aggressionsverhaltens bei verschieden weit evoluierten Höhlenpopulationen dieses Fisches nachgewiesen werden.

Mit der regressiven Evolution des Pigments und der Augen in lichtlosen Lebensräumen geht oft eine konstruktive Evolution einher, die zu einer Kompensation der verlorengegangenen optischen Sinnesleistungen führt. Bei Höhlenformen von *Astyanax* nimmt die Zahl der Geschmacksknospen auf der Kopfunterseite beträchtlich zu, die geschmacksrezipierende Fläche vergrößert sich wesentlich. Diese konstruktive Weiterentwicklung des Geschmacksapparates, die als sinnesphysiologische Anpassung an das Höhlenleben anzusehen ist, erfolgt jedoch, wie Ch. Schemmel zeigen konnte, wesentlich langsamer als die parallel dazu verlaufende Rückbildung von Augen und Pigment. Die relative Seltenheit von Genen mit positivem Selektionswert im Vergleich zu solchen mit „degenerativem" Effekt spiegelt sich hier deutlich in der unterschiedlichen Geschwindigkeit konstruktiver und degenerativer Evolution wider.

Der hier am Beispiel von Höhlenfischen dargestellte Mechanismus regressiver Evolution läßt sich auf viele ähnlich gelagerte Fälle übertragen. Funktionslos gewordene Strukturen verschiedenster Art dürften der regressiven Evolution durch starken Mutationsdruck bei mehr oder weniger fehlendem Selektionsdruck zum Opfer gefallen sein. Unbestritten gibt es andererseits aber auch Situationen, bei denen eine unter veränderten Lebensbedingungen funktionslos gewordene Struktur einen negativen Selektionswert besitzt. Konstruktive und degenerative Evolution stehen in vielen Fällen in enger Beziehung zueinander. Bei der Evolution der Pferde wurden die Seitenzehen parallel zur Verstärkung der mittleren Zehe zurückgebildet. Vollständig der regressiven Evolution zum Opfer fallen konnten sie jedoch erst, nachdem die mittlere Zehe das ganze „Gewicht" des Körpers tragen konnte (s. S. 24). Die Rückbildung der Extremitäten bei Sauriern (s. S. 92) verläuft synchron mit der Verlängerung der Rumpfwirbelsäule.

Eine Rückbildung vieler Strukturen beobachtet man auch bei Tieren, die im Laufe der Evolution ihre Körpergröße verringert haben. Bei der Erschließung neuer Lebensräume — z.B. im Inneren des Bodens — bietet das Kleinerwerden Selektionsvorteile. Strukturen mit positiv allometrischem Wachstum (s. S. 97) werden mit verringerter Körpergröße rückgebildet. Die Veränderung der Relation von Volumen und Oberfläche des Körpers macht Organe, die für größere Vertreter gleichen Konstruktionstyps notwendig sind, überflüssig. Atemorgane können rückgebildet werden, da der Gasaustausch durch die Körperoberfläche die Versorgung des Organismus gewährleistet. Ebenso ist bei kleinen Formen einiger Tiergruppen das Blutgefäßsystem rückgebildet: Innerhalb des Stammes der Tentaculata besitzen die relativ großen, solitären Phoronidea ein Blutgefäßsystem, den von ihnen abzuleitenden kleinen, koloniebildenden Bryozoa fehlt ein solches.


# 14 Evolutionsgeschwindigkeit


Gut datierbare Fossilien geben uns recht genaue Vorstellungen über den zeitlichen Verlauf der Evolution in verschiedenen Organismengruppen. Das paläontologische Material ermöglicht es, die Veränderung von Strukturen und das Entstehen neuer Formen über lange Zeiträume zu verfolgen. Fragen wir aber nach der Zahl der Mutationsschritte, die für ein Merkmal bzw. für einen bestimmten Ausbildungsgrad einer Struktur verantwortlich ist, so müssen Aussagen an Hand von Fossilien hypothetisch bleiben. Analogieschlüsse lassen allenfalls Vermutungen hierüber zu.

Vergleichende Untersuchungen über den Grad der Nucleotidbasen- oder Aminosäurensubstitution bei Organismen, deren phylogenetisches Alter oder richtiger bei denen der Zeitpunkt, zu dem die Aufspaltung einer Gruppe in zwei erfolgt ist, bekannt ist, ermöglichen es, einen durchschnittlichen Annäherungswert über die Zahl der überlebenden Mutationen je Zeiteinheit zu schätzen. Die Bedeutung dieser Mutationsschritte für die Evolution des Phänotyps ist jedoch nicht zu ermitteln.

Ein vollständiges Bild über den schrittweisen Aufbau additiv polygener Systeme, bei denen sowohl die absolute Zeit als auch die Generationenfolge registriert werden konnte, liefern die Experimente und Beobachtungen über das Entstehen von Resistenzphänomenen bei Mikroorganismen und Insekten (s. S. 41 f.). Zugleich zeigen uns diese Beispiele die Abhängigkeit der Evolutionsgeschwindigkeit von den Evolutionsfaktoren — hier vor allem von der Richtung und der Stärke des Selektionsdrucks. Sowohl der hoch differenzierte Aufbau der höheren Lebewesen und das komplexe Gefüge der genetischen Basis der meisten im Laufe der Evolution entstandenen Strukturen als auch der qualitativ und quantitativ unterschiedliche Einfluß der Evolutionsfaktoren auf die verschiedenen Organismen machen es verständlich, daß diese Experimente keine Rückschlüsse auf das Evolutionstempo höherer Pflanzen und Tiere unter natürlichen Bedingungen zulassen.

Unsere Kenntnisse über das Ursachengefüge der Evolution erklären auch die Tatsache, daß generelle Aussagen über d i e Evolutionsgeschwindigkeit auch nur einer Organismengruppe über lange Zeiten nicht gemacht werden können. Phasen relativ langsamer Evolutionsgeschwindigkeit ( h o r o t e l i s c h e   E v o l u t i o n ) wechseln sich mit Phasen schneller ( t a c h y t e l i s c h e r ) Evolution ab. In einigen Fällen scheint die Evolution extrem langsam (b r a d y t e l i s c h) zu verlaufen. Der Paläontologe O. Schindewolf glaubte, auf Grund seiner Untersuchungen an Ammoniten allgemeine Gesetzmäßigkeiten über den zeitlichen Verlauf der Evolution von Organismengruppen entwickeln zu können. Nach seiner  T y p o s t r o p h e n t h e o r i e  folgt auf eine Phase schneller Evolution, die zur Entstehung neuer Baupläne führt ( T y p o g e n e s e ), eine Periode langsamerer Evolution ( T y p o s t a s e ) und Aufspaltung in viele Zweige. Die Phase der  T y p o l y s e  schließlich soll nach Schindewolf durch eine Verwilderung des Typs, durch unharmonische Formen charakterisiert sein, die zu einem Aussterben der betreffenden Gruppe führt. Nur einzelne Zweige führen zum Entstehen neuer Typen, zu neuer Typogenese. — Ein derartiger Verlauf der Evolution von Organismentypen analog zum Lebenszyklus der Individuen läßt sich generell nicht nachweisen. Das physiologische Altern ist ein Vorgang, der sich nicht von Individuen auf Stammesreihen übertragen läßt. Wohl sind in der Typogenese Charakteristika der Anagenese zu erkennen und die Typostase entspricht der adaptiven Radiation (s. S. 88).

Aussagen über die Evolutionsgeschwindigkeit von Organismengruppen sind oft problematisch, weil verschiedene Strukturen oder Organe desselben Organismus sich unabhängig voneinander in unterschiedlichem Tempo entwickeln (H e t e r o b a t h m i e). Ein Körperteil bei einer Tiergruppe, der im Vergleich zum Evolutionsniveau des Gesamtorganismus relativ hoch entwickelt ist, kann bei einer verwandten Gruppe zurückgeblieben sein. Lebewesen, die hinsichtlich ihrer Grundstruktur urtümlich gebaut sind, können hochspezialisierte Anpassungen an besondere Lebensweisen ausgebildet haben. Das Schnabeltier (*Ornithorhynchus anatinus*) und die Ameisenigel (Tachyglossidae) sind wegen ihrer anatomischen Besonderheiten allen übrigen Säugetieren als eigene urtümliche Gruppe (Monotremata) gegenüberzustellen. Außer der Tatsache, daß sie Eier legen und einen gemeinsamen Ausführgang (Kloake) für die Ausscheidungsprodukte des Darms, der Nieren und für die Geschlechtsprodukte besitzen, haben diese Tiere an Reptilien erinnernde Eigentümlichkeiten im Bau des Schultergürtels und des Schädels. Diesen sehr altertümlichen Merkmalen, die für eine relativ sehr langsame Evolutionsgeschwindigkeit sprechen, stehen erworbene Anpassungsmerkmale an besondere Lebensbedingungen gegenüber: Das im Wasser lebende Schnabeltier hat Schwimmhäute ausgebildet, das Gebiß rückgebildet und einen Hornschnabel entwickelt. Die termitenfressenden Schnabeligel haben mit ihrer Ernährungsweise eine schnabelartig verlängerte Schnauzenpartie herausgebildet, auch ihr Stachelkleid ist eine späte Neuerwerbung.

Extremfälle in der Evolutionsgeschwindigkeit stellen die sogenannten l e b e n d e n F o s s i l i e n dar. Darwin prägte die Bezeichnung „living fossil" für den in Japan und China heimischen Ginkgobaum (*Ginkgo biloba*). Es ist der einzige rezente Vertreter einer im Mesozoikum weit verbreiteten urtümlichen Gymnospermengruppe. Es sind sowohl im Pflanzen- (Fig. 28) als auch im Tierreich (Fig. 29) eine Reihe solcher „Dauerformen" oder „Durchläufer" bekannt, die sich seit weit zurückliegenden Erdperioden weitgehend unverändert erhalten haben. In den meisten Fällen handelt es sich um

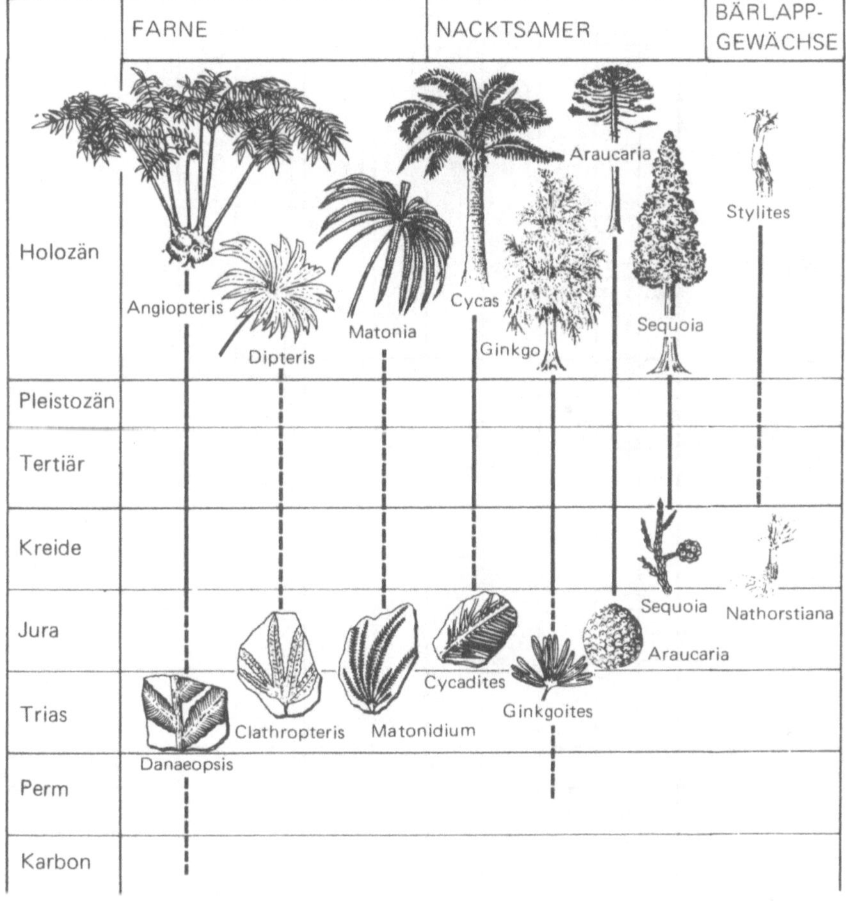


Fig. 28  Dauerformen aus dem Pflanzenreich und ihre fossilen Verwandten (aus Thenius [25])

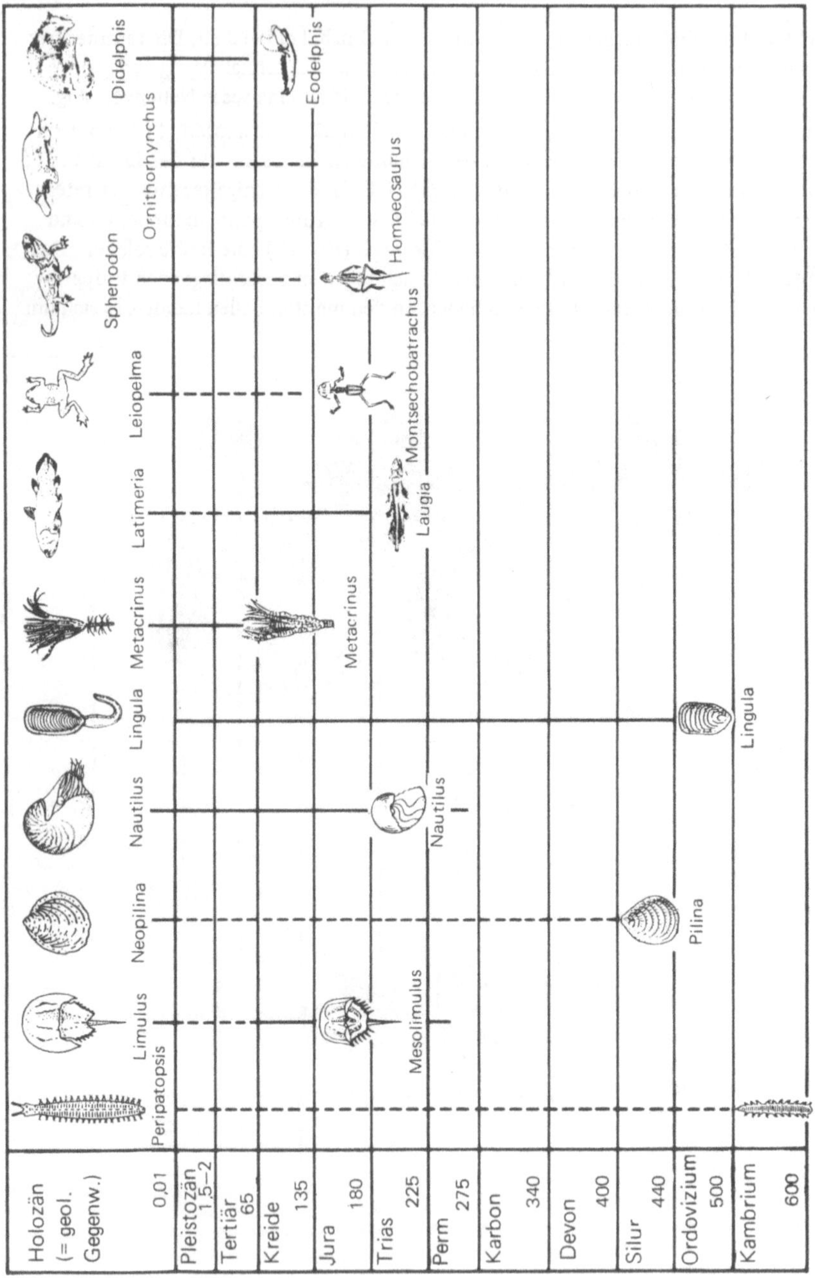

Didelphis
Eodelphis
Ornithorhynchus
Sphenodon
Homoeosaurus
Leiopelma
Montsechobatrachus
Latimeria
Laugia
Metacrinus
Metacrinus
Lingula
Lingula
Nautilus
Nautilus
Neopilina
Pilina
Limulus
Mesolimulus
Peripatopsis
Aysheaia

Holozän (= geol. Gegenw.)    0,01
Pleistozän 1,5–2
Tertiär    65
Kreide    135
Jura    180
Trias    225
Perm    275
Karbon    340
Devon    400
Silur    440
Ordovizium    500
Kambrium    600

einzelne Arten, die mit extrem bradytelischer Evolutionsgeschwindigkeit viele wechselnde Floren- und Faunenperioden überstanden haben. Die nächst verwandten Formen sind in früheren Erdperioden ausgestorben, die rezenten Vertreter der weiteren Verwandtschaft zeigen eine normale horotelische oder tachytelische Evolution und sind in mehr oder weniger großer Arten- und Formenvielfalt vorhanden. Ein anschauliches Beispiel eines lebenden Fossils im Tierreich liefert die Brachiopodengattung *Lingula*, die mit einigen Arten in den Küstengewässern des Pazifischen und Indischen Ozeans verbreitet ist. Fossil ist *Lingula* seit dem Ordovizium, also seit etwa 450 Millionen Jahren, bekannt. Die ältesten Fossilien dieser altertümlichen Brachiopodengattung unterscheiden sich so wenig von den rezenten Arten, daß die Auftrennung in verschiedene Gattungen nicht gerechtfertigt wäre.

Als Erklärung für die Existenz von Dauerformen über lange Zeiträume der Erdgeschichte ist eine optimale Adaptation an die von der betreffenden Form eingenommene ökologische Nische bei konstanten Umweltverhältnissen anzunehmen. Die ständige Evolution der gesamten Organismenwelt führt zu steten Veränderungen des evolutiven Niveaus aller in Biozönosen koexistierenden Lebewesen. Diese Veränderungen der Biozönosen auf der Erde bedeuten eine Veränderung der Umweltverhältnisse der einzelnen Arten. Relativ gleichbleibende ökologische Nischen sind folglich allenfalls als seltene Ausnahmen zu erwarten. Einige Regionen der Weltmeere mit ihren relativ konstanten Lebensbedingungen bieten Refugien für lebende Fossilien. *Neopilina* als Vertreter einer bislang nur aus dem Silur bekannten urtümlichen Molluskengruppe wurde in einer Meerestiefe von 3570 m gefunden. Ebenfalls Tiefseebewohner sind die rezenten Vertreter der gestielten Seelilien (Pentacrinoidea); die Gattung *Metacrinus* ist seit der Kreidezeit erhalten geblieben. In der Steilhangzone ozeanischer Inseln in Tiefen bis zu 800 m lebt der 1938 entdeckte Quastenflosser *Latimeria*, der Vertreter einer Fischgruppe (Actinistia), von der man annahm, daß sie zu Ende des Mesozoikums ausgestorben sei. Als Litoralbewohner haben wir *Lingula* kennengelernt. Ebenfalls im Litoral leben die drei rezenten Gattungen (*Limulus*, *Tachypleus* und *Carcinoscorpius*) der urtümlichen Schwertschwänze (Xiphosura). Eine Reihe von Vertretern altertümlicher Organismengruppen haben sich dem Konkurrenzdruck durch höherevoluierte, leistungsfähigere Formen entzogen, indem sie in extreme Lebensräume ausgewichen sind oder spezielle Lebensweisen angenommen haben. Die primitiven Blattfußkrebse der Ordnung Notostraca leben in Süßwassertümpeln, die nur zeitweise mit Wasser gefüllt sind. Hier sind sie vor Räubern oder Nahrungskonkurrenten weitgehend geschützt. Die Trockenzeit überstehen diese Krebse als Dauereier. Wie bei den Monotremen war auch bei den Notostracen die bradytelische Evolution gewisser Grundstrukturen nur möglich bei gleichzeitiger evolutiver Anpassung an besondere Lebensbedingungen.

Als besonderes Phänomen sind schließlich diejenigen Dauertypen anzusehen, die anscheinend unverändert eine außerordentliche Eignung in Konkurrenz zu modernen höherevoluierten Formen zeigen. So erweisen sich die amerikanischen Beutelratten (Didelphidae) als lebenstüchtig gegenüber dem Druck der plazentalen Säuger, während die übrigen Marsupialier verdrängt wurden.

Fig. 29  Dauerformen aus dem Tierreich und ihre fossilen Verwandten (nach Thenius [25])

## 15  Systematik

Der Terminus S y s t e m a t i k  wird in der Biologie zur Bezeichnung desjenigen Wissenschaftszweiges benutzt, der sich mit dem Studium der Mannigfaltigkeit, der Ähnlichkeit und Verschiedenheit der Organismen sowie mit den Ursachen für diese Relationen beschäftigt. Im Rahmen systematischer Studien werden oft Klassifizierungen vorgenommen.

Als K l a s s i f i z i e r u n g  wird der Prozeß der Zusammenfassung von Organismen zu meist hierarchisch angeordneten Gruppen (Klassen) bezeichnet. Eine K l a s s i f i - k a t i o n  ist die als Ergebnis der Klassifizierung entstandene Gruppierung von Organismen. In Anlehnung an die im Englischen übliche Terminologie wird der Ausdruck Klassifikation auch für die Klassifizierung verwendet („Thus the result of classification is a classification").

In jedem Fall ist die Klassifizierung jedoch von der D e t e r m i n i e r u n g  (Bestimmung, Identifikation) zu unterscheiden. Bei der Klassifizierung werden Organismen zu Gruppen zusammengefaßt. Bei der Determinierung werden Individuen in bereits vorhandene Gruppen eingeordnet.

Der Teil der Systematik, der sich mit dem Studium der Grundlagen, Prinzipien, Methoden und Regeln der Klassifizierung beschäftigt, wird als Taxonomie bezeichnet (oft wird dieser Terminus jedoch als Synonym für Systematik verwendet).

Taxonomische Gruppen jeden beliebigen Ranges, die von anderen abzugrenzen und einer bestimmten Kategorie zuzuordnen sind, werden als Taxa (Singular: T a x o n ) bezeichnet. Also ist z.B. sowohl die Art Kohlmeise (*Parus major*) als auch die Klasse Vögel (Aves) jeweils ein Taxon.

Für die Kategorien, die den Rang einer Organismengruppe im hierarchischen Klassifikationssystem bestimmen, werden in aufsteigender Linie folgende Bezeichnungen verwendet:

> Subspecies (Unterart)
>
> Species (Art)
>
> Genus (Gattung)
>
> Tribus (Tribus oder „Sippe")
>
> Familia (Familie)
>
> Ordo (Ordnung)
>
> Classis (Klasse)

Mit dem Bekanntwerden großer Artenzahlen in vielen Organismengruppen und durch das Bedürfnis ihrer präzisen Einordnung in das System ergab sich die Notwendigkeit, Zwischengruppen zu schaffen. Solche Zwischenkategorien sind z.B. der Subordo (Unterordnung) und der Superordo (Überordnung).

Die aufgeführten Kategorienbezeichnungen werden sowohl in der Botanik als auch in der Zoologie verwendet. Für die Kategorien oberhalb der Klasse werden von einzelnen

Taxonomen unterschiedliche Namen benutzt. Die gebräuchlichsten Untergliederungen in der Zoologie seien hier aufgeführt:

> Subphylum (Unterstamm)
> Phylum (Stamm)
> Subdivisio (Unterabteilung)
> Divisio (Abteilung)
> Subregnum (Unterreich)
> Regnum (Reich)

In der Botanik folgt auf die Klasse (bzw. Überklasse) gleich die Abteilung (bzw. Unterabteilung).

Die verschiedenen Kategorien bezeichnen keine absolute evolutive Rangstufe, sondern nur ihre relative Stellung zu den darüber- und darunterstehenden Kategorien in der betreffenden Organismengruppe. So haben etwa die Ordnungen der Klasse Aves im Vergleich zu denen der Klasse Reptilia ein wesentlich geringeres stammesgeschichtliches Alter. Ein objektives Kriterium für die Festlegung des Ranges einer Organismengruppe gibt es nicht. Die Unterschiedlichkeit und Komplexität der Evolutionsprozesse erlaubt es bislang nicht, die Stufen der Differenz zwischen den einzelnen Kategorien quantitativ zu erfassen.

Ein Überblick über die Geschichte der biologischen Klassifikation wurde in Kapitel 2 gegeben. Wir sahen, daß die auf den Ordnungsprinzipien der reinen Morphologie fußenden natürlichen Systeme eine wichtige Grundlage für die Deszendenztheorie bildeten. Das natürliche System, das eine in der Natur vorhandene Ordnung erfaßte, fand durch die Abstammungslehre eine kausale Erklärung und konnte zum phylogenetischen System werden. Folglich können Phylogenetik und Taxonomie, auf den gleichen Prinzipien basierend, weitgehend mit den gleichen Methoden arbeiten.

Die Taxonomie liefert auch heute wesentliche Voraussetzungen und Beiträge für die Phylogenetik. Durch die taxonomische Forschung erhalten wir exakte Vorstellungen über die Vielfalt der Organismenwelt der Erde. Ohne die Ergebnisse der Taxonomie wäre die Rekonstruktion der Phylogenese der Lebewesen unmöglich.

Die Ermittlung der phylogenetischen Verwandtschaft ist aber nicht die einzige Aufgabe der taxonomischen Forschung. Die von ihr gelieferten Informationen sind unabdingbare Voraussetzung für viele Teilgebiete der Biologie. Es seien hier nur Ökologie und Biogeographie sowie die Erforschung wirtschaftlich und medizinisch wichtiger Organismen genannt.

Von besonderer Bedeutung ist der prädiktive Wert phylogenetisch begründeter Klassifikationen. Die klassifikatorische Zusammenfassung von Lebewesen zu einer Gruppe erfolgt auf Grund von einer begrenzten Zahl von gemeinsamen Merkmalen. Die tatsächliche Zahl der übereinstimmenden Eigenschaften ist jedoch wesentlich größer. Wird bei einem Vertreter einer Gruppe eine Eigenschaft festgestellt, so besitzen wahrscheinlich auch andere Vertreter dieses Taxons dieselbe Eigenschaft.

Wenn auch von nahezu allen Taxonomen übereinstimmend die Klassifikation als das Einordnen von Organismen in Gruppen oder Reihen auf der Basis ihrer Verwandtschaftsbeziehung angesehen werden wird, so gibt es doch sehr unterschiedliche Ansichten über die Prinzipien der taxonomischen Klassifikationssysteme. Die wichtigsten Konzepte sind die „evolutionäre Taxonomie", die „phylogenetische Systematik" und die „numerische Taxonomie". Die Prinzipien der e v o l u t i o n ä r e n T a x o n o m i e sind in neuerer Zeit vor allem von E. Mayr formuliert worden. Die p h y l o g e n e t i s c h e  S y s t e m a t i k basiert auf einem von W. Hennig dargestellten Konzept. Beide postulieren, daß die Klassifikation der Organismen die phyletische Verwandtschaft derselben widerspiegeln soll. Meinungsverschiedenheiten bestehen über die Definition der stammesgeschichtlichen Verwandtschaft.

Nach W. Hennig ist die Stammesverzweigung oder Kladogenese als das einzige Kriterium der phyletischen Verwandtschaft anzusehen. Die Klassifikation, das System der Lebewesen, soll folglich auch streng die Verzweigungen des Stammbaums darstellen. Die zeitliche Reihenfolge der Divergenzknoten wird in der Hierarchie der Kategorien dargestellt.

Jedes Taxon besteht aus allen Abkömmlingen eines gemeinsamen Vorfahren, ist also streng monophyletisch. Die Konstruktion eines auf den Prinzipien der phylogenetischen Systematik basierenden Klassifikationssystems beruht wie schon das vorphylogenetische natürliche System auf der Feststellung von Homologien. Als homolog erkannte Merkmale werden in stammesgeschichtlich ursprüngliche (plesiomorphe) und abgeleitete (apomorphe) unterteilt. Übereinstimmende Ähnlichkeiten in einer Gruppe können gemeinsame, von einem Vorfahren unverändert übernommene Ursprünglichkeiten (Symplesiomorphien) oder aber einmal an der Basis der Gruppe entstandene Merkmalsbildungen oder -umbildungen (Synapomorphien) sein. Jedes Taxon ist durch mindestens eine Synapomorphie charakterisiert. Die einzelnen Elemente des Taxons — d.h. die Taxa nächstniedriger Kategorie — wiederum sind durch Autapomorphien voneinander unterschieden. Hieraus geht hervor, daß die Begriffe Plesiomorphie, Synapomorphie, Autapomorphie nur relativ auf Merkmale des jeweils betrachteten Taxons anzuwenden sind. Apomorphe Merkmale höherer Taxa sind Plesiomorphien von Taxa niederer Kategorie.

Auch die Vertreter der evolutionären Taxonomie ziehen die Stammverzweigungen zur Konstruktion ihrer Klassifikationssysteme heran. Sie sind jedoch der Meinung, daß die Kladogenese nicht das einzige Kriterium für die Ermittlung der stammesgeschichtlichen Verwandtschaft sein könne. Ein nach Hennigs Prinzip konstruiertes phylogenetisches System spiegelt wohl die genealogische Verwandtschaft wider, es berücksichtigt aber nicht die im Laufe der Evolution entstandenen morpho-physiologischen Veränderungen. Die verschiedenen Abkömmlinge eines gemeinsamen Vorfahren haben unterschiedliche Evolutionsgeschwindigkeiten. Einzelne Linien können durch Eroberung neuer ökologischer Nischen und durch starken Selektionsdruck sich extrem divergierend verändern, so daß es nach Ansicht der Anhänger der evolutionären Taxonomie biologisch absurd erscheint, sie mit ihren genealogischen Verwandten weiter zu einem Taxon zu vereinigen. Als drastisches Beispiel werden die verwandtschaftlichen Beziehungen der Reptilien angeführt. Die Vögel und die Krokodile sind kladistisch näher miteinander verwandt als beide Gruppen mit den übrigen Repti-

lien, so daß nach den Prinzipien der phylogenetischen Systematik Vögel und Krokodile
zu einem Taxon zusammenzufassen und den übrigen Reptilien gegenüberzustellen sind.
Hinsichtlich ihrer morphologischen Struktur sind die Krokodile jedoch den übrigen
Reptilien so ähnlich, daß sie nach dem Konzept der evolutionären Taxonomie mit
Recht mit diesen zur Klasse „Reptilia" zusammengefaßt werden.

Die evolutionäre Taxonomie strebt ein Klassifikationssystem von größerem Informa-
tionsgehalt an, das auch die Qualität und Quantität der evolutiven Veränderungen, die
Zahl der Evolutionsschritte wiedergibt. Dem ist entgegenzuhalten, daß es kein auch
nur relativ exaktes Maß für evolutive Veränderungen gibt. Außerdem ist es problematisch, sowohl die Kladogenese als auch die evolutiven Veränderungen in ein und derselben Klassifikation darzustellen.

Die  n u m e r i s c h e  T a x o n o m i e  geht davon aus, daß den phylogenetisch begründeten Klassifikationssystemen zuviel Subjektivität anhafte. Die Klassifikation
werde an Hand einiger weniger Merkmalsgruppen konstruiert. Über die phylogenetische und damit taxonomische Relevanz von Merkmalen entscheide das subjektive Urteil
des jeweiligen Taxonomen (s. auch S. 62). Außerdem ließen sich bei vielen Organismengruppen keine oder nur sehr ungenaue Aussagen über ihre stammesgeschichtliche
Verwandtschaft machen. Die Anhänger der numerischen Taxonomie strebten daher ursprünglich ein rein phänetisches System an. „Verwandtschaft" im Sinne der numerischen Taxonomie ist nur eine Bezeichnung für phänetische Ähnlichkeit. Ohne Voraussetzung einer stammesgeschichtlichen Hypothese soll die Klassifikation ausschließlich
den Grad der Ähnlichkeit ausdrücken. Zur Ermittlung der phänetischen Verwandtschaft sind soviel Merkmale wie möglich heranzuziehen. Man will mit mathemati-
schen Methoden ein objektives und reproduzierbares System mit stabilen Taxa erreichen. Die elektronische Verarbeitung des Datenmaterials soll außerdem zu schnelleren
Ergebnissen führen, als die „konventionelle" Taxonomie sie liefern kann. Die Grund-
einheiten der taxonomischen Analyse werden mit dem Terminus OTU (operational
taxonomic unit) bezeichnet. OTUs können sowohl die Individuen einer Art sein als
auch höhere Taxa, deren Ähnlichkeitsbeziehungen ermittelt werden sollen.

In einigen Fällen stimmen die mit den Methoden der numerischen Taxonomie erstell-
ten Klassifikationen mit den phylogenetisch begründeten Systemen überein. Die Tatsache, daß eine Wertung der Merkmale nach ihrer phylogenetischen Bedeutung nicht
erfolgt und daß Konvergenzen und Analogien nicht als solche berücksichtigt werden,
zeigt die Fehlerquellen und Unvollkommenheit der numerischen Taxonomie. Die Einwände gegen Prinzipien und Methoden der numerischen Taxonomie haben neuerdings
zur Entwicklung von Systemen der numerischen Taxonomie geführt, die phylogenetische Gegebenheiten berücksichtigen.

Alle phylogenetisch begründeten biologischen Systeme postulieren, daß jede Klassifikationseinheit, jedes Taxon  m o n o p h y l e t i s c h  zu sein hat, d.h. alle seine Glieder müssen auf einen gemeinsamen Vorfahren zurückzuführen sein, der selber in dieses
Taxon einzuordnen ist. Nach W. Hennigs Konzept der phylogenetischen Systematik

gelten – wie bereits dargelegt – nur solche Gruppen als monophyletisch, die sämtliche Abkömmlinge dieses gemeinsamen Vorfahren umfassen. Von anderen Autoren – Anhängern des Konzepts der evolutionären Taxonomie – wird der Begriff der Monophylie weiter gefaßt. Eine Gruppe gilt auch dann noch als monophyletisch, wenn ein Teil der Nachkommen des gemeinsamen Vorfahren ihr nicht zugeordnet wird, weil sie sich hinsichtlich charakteristischer Merkmale von den übrigen deutlich abheben. Um zu eindeutigen Begriffen zu kommen, ist vorgeschlagen worden, die strenge Monophylie im Sinne der Hennigschen phylogenetischen Systematik mit H o l o p h y l i e zu bezeichnen und im anderen Fall von P a r a p h y l i e zu sprechen (Fig. 30).

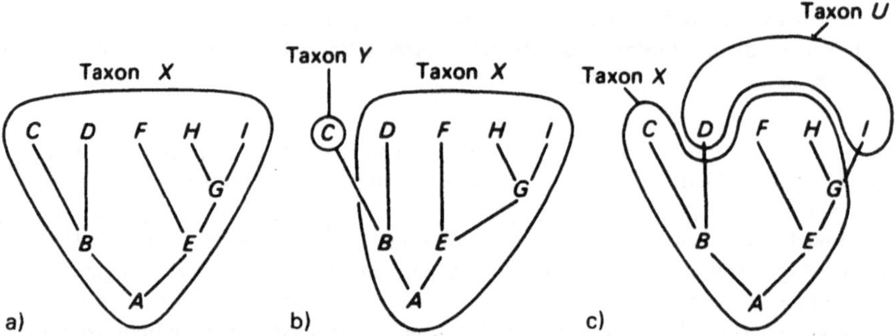


Fig. 30 Hypothetische Stammbäume. a) Taxon X ist monophyletisch im Sinne W. Hennigs (streng monophyletisch oder holophyletisch), b) Taxon X wird von vielen Autoren als monophyletisch bezeichnet, entspricht jedoch nicht dem Monophyliebegriff von W. Hennig, sollte folglich als paraphyletisch bezeichnet werden, Taxon Y ist streng monophyletisch (holophyletisch), c) Taxon X ist paraphyletisch, Taxon U polyphyletisch (nach H. H. Ross.[21])

P o l y p h y l e t i s c h ist eine Gruppe, die auf zwei oder mehr direkte Vorfahren zurückgeht. Es existiert also kein gemeinsamer Vorfahr, der in die Gruppe eingeschlossen werden kann. Die übereinstimmenden Merkmale beruhen auf Konvergenz (s. S. 91). In jedem System, das die phylogenetische Verwandtschaft der Organismen widerspiegeln soll, wird man polyphyletische Taxa auflösen, sobald sie als solche erkannt sind. Da unsere Kenntnis über die stammesgeschichtliche Verwandtschaft in vielen Pflanzen- und Tiergruppen noch sehr unvollständig ist, sind unsere heutigen Klassifikationen noch beträchtlich mit polyphyletischen Taxa belastet.

## 16  Die Stammesgeschichte der Organismen

In diesem abschließenden Kapitel soll ein kurzer Überblick über die geschichtliche Entwicklung der Organismenvielfalt der Erde gegeben werden. Hier können nur die wichtigsten Linien der Evolution, die Hauptäste des Stammbaums der Lebewesen aufgezeigt werden. Das Wissen über die mehr oder weniger gut rekonstruierten stammes-

geschichtlichen Zusammenhänge größerer und kleinerer Organismengruppen bildet
heute eine wesentliche Grundlage, einen zentralen Bestandteil der systematischen
Biologie bzw. Paläontologie und wird in Lehrbüchern dieser Gebiete behandelt. Mangel
an fossilen Dokumenten und Schwierigkeiten bei der Ermittlung von Homologien sind
die Ursachen dafür, daß die Vorstellungen über die phylogenetischen Zusammenhänge
vieler Tier- und Pflanzengruppen mit hypothetischen und spekulativen Elementen belastet sind. Dieses gilt in besonderem Maße auch für die Ansichten über die Entstehung
und die frühe Evolution des Lebens auf der Erde sowie über die Evolution der Hauptstämme des Pflanzen- und Tierreichs.

## 16.1 Entstehung des Lebens und früheste Evolution

Eine wichtige Voraussetzung für die wissenschaftliche Phylogenetik war die Widerlegung
der Urzeugungsidee, also der Vorstellung, daß jederzeit Lebewesen aus unbelebter
Materie entstehen können (s. S. 29). Die weitgehende Homologisierbarkeit aller rezenten Organismen, insbesondere aller Eukaryonten, gibt der Annahme, daß alle Lebewesen letztlich auf einen gemeinsamen Vorfahren zurückzuführen sind, einen hohen
Wahrscheinlichkeitsgrad. Die Vielfalt der heutigen Organismenwelt hat sich in einem
Zeitraum von ca. 2 bis 3 Milliarden Jahren aus Urlebewesen (Eobionten) entwickelt.

Über die Natur und Entstehung dieser ersten Lebewesen aus anorganischen Stoffen
existieren — genauso wie über die frühe Evolution der Lebewesen — nur weitgehend
hypothetische Vorstellungen.

In seiner im Jahre 1866 erschienenen „Generellen Morphologie der Organismen" hatte
E. Haeckel Gedanken über die Entstehung der ersten Lebewesen entwickelt. Dieses mußten nach seiner Ansicht einfachste, strukturlose Plasmagebilde ohne Organe
gewesen sein. Haeckel nahm an, daß einfache rezente Amoeben wenig evoluierte Abkömmlinge dieser von ihm M o n e r e n genannten Urlebewesen seien. Es hat sich
jedoch gezeigt, daß alle als Moneren oder deren Abkömmlinge angesehenen rezenten
Formen keinerlei Beziehungen zu frühen Lebewesen besitzen; Amoeben z.B. sind bereits hochevoluierte Eukaryonten.

Den Viren, die bisweilen als ursprünglichste rezente Lebewesen angesehen wurden,
fehlen wesentliche Attribute des Lebens. Sie bestehen hauptsächlich aus DNS oder
RNS (beide Nukleinsäuren kommen allerdings nie in einem Virus gemeinsam vor) und
sind zur identischen Reduplikation, zur Fortpflanzung fähig, aber ein eigener Stoffwechsel und Reizbarkeit sind bei ihnen nicht vorhanden. Auch als Repräsentanten der
Übergangsstufe vom Unbelebten zum Belebten können Viren nicht in Anspruch genommen werden, denn zur Vermehrung sind sie auf echte Lebewesen angewiesen. Der Zell-
stoffwechsel der Wirtszelle wird zur Produktion vireneigener RNS oder DNS umfunk-
tioniert. Nach dem Verlassen der Wirtszelle verhalten sich Viruskörper wieder wie unbelebte Gebilde. Die Existenz von Viren setzt also bereits das Vorhandensein echter
Lebewesen voraus. Es ist jedoch denkbar, daß die heutigen Viren auf Formen zurückgehen, die lebensähnliche Eigenschaften besaßen, die sie zu selbständiger Existenz be-

fähigten, diese Eigenschaften dann verloren, als Bakterien und höhere Lebewesen entstanden waren. Nach anderer Ansicht sind die Viren von selbständig gewordenen Zellorganellen herzuleiten.

Wenn auch die Versuche, aus rezenten Lebewesen direkte Rückschlüsse auf erste Lebewesen zu ziehen, scheitern mußten, so gaben die Gedanken Haeckels und ähnliche Konzepte doch Anregungen zu weiteren, besser begründeten Hypothesen über die Entstehung des Lebens auf der Erde.

Eine andere Vorstellung – die Panspermiehypothese – geht davon aus, daß einfachste Lebenskeime – Kosmozoen – von anderen Gestirnen, etwa durch Meteoriten, auf die Erde gelangt seien. Diese Kosmozoen sollen der Ausgangspunkt für die Evolution aller irdischen Organismen gewesen sein. Allen für die Kosmozoenhypothese vorgebrachten Argumenten fehlt die Stichhaltigkeit, die es gerechtfertigt erscheinen ließe, diese Hypothese ernsthaft weiterzuverfolgen.

Die heutigen Vorstellungen von der Zusammensetzung der Erdatmosphäre in der frühesten Zeit nach der Abkühlung der Erdrinde und Laborversuche zur Erzeugung von Kohlenstoffverbindungen als Grundbausteine lebender Substanz lieferten die Grundlage für moderne Konzepte über die Entstehung des Lebens auf der Erde. Unsere Kenntnisse der molekularen Grundlagen allen irdischen Lebens geben Hinweise auf die Hauptstufen der Evolution des Lebens aus anorganischer Materie:

Der erste Schritt muß zur Entstehung einfacher organischer Kohlenstoffverbindungen (Aminosäuren u.a.) geführt haben, die als Bausteine der lebenswichtigen Makromoleküle dienen konnten. Dann mußten die Makromoleküle (Proteine, Nukleinsäuren) aufgebaut werden. Für die dritte Phase ist die Entstehung selbstreproduktiver Reaktionsnetze (Hyperzyklen im Sinne von M. Eigen) zu fordern sowie eine Kompartimentierung in den Makromolekülllösungen, also das Auftreten individualisierter Gebilde. Von verschiedenen Autoren wird angenommen, daß diese beiden Prozesse in gegenseitiger Abhängigkeit voneinander vor sich gegangen sein dürften. Für den vierten Hauptschritt der Evolution zum Leben ist schließlich die Herausbildung selbstreproduktiver Gebilde mit allen wesentlichen Eigenschaften des Lebens anzunehmen. Von diesen P r o t o - b i o n t e n  führt die Evolution zu den ersten echten Lebewesen ( E o b i o n t e n ). Die Erde besaß in der Zeit vor Beginn der Evolution des Lebens, also vor etwa 4 Milliarden Jahren, eine Atmosphäre, die Wasserdampf, Methan, Ammoniak, Wasserstoff, Schwefelwasserstoff und eine Reihe anderer Gase enthielt, aber keinen freien Sauerstoff. Diese Uratmosphäre entstand aus den Gasen vulkanischer Eruptionen. Die Erde war extrem starker ionisierender und ultravioletter Strahlung durch die Sonne ausgesetzt, da die schützende Ozonschicht noch fehlte. Als weitere Energiequellen sind u.a. Wärme und elektrische Entladungen anzunehmen. Im Jahre 1953 veröffentlichte S. L. Miller die Ergebnisse von Versuchen, in denen er nachwies, daß unter den Bedingungen der Uratmosphäre organische Verbindungen entstehen können. Er hatte ein Gasgemisch aus Ammoniak, Methan und Wasserdampf für einige Stunden elektrischen Funken ausgesetzt. Bei der anschließenden Analyse fanden sich in dem Gas bzw. in dem Kondensationswasser seiner Apparatur neben den Ausgangsstoffen und einigen aus ihnen entstandenen niedermolekularen anorganischen Verbindungen ($CO$, $CO_2$,

$N_2$ ) 19 verschiedene organische Stoffe, darunter verschiedene Aminosäuren, nämlich
Glycin, Alanin und in geringer Menge auch Glutaminsäure und Asparaginsäure. Im Anschluß an diese Untersuchungen Millers wurde von verschiedenen Autoren eine große
Zahl weiterer Versuche zur Prüfung der Möglichkeit abiotischer Entstehung organischer Lebensbausteine durchgeführt. Die Zusammensetzung des Reaktionsgemisches
wie auch die verwendeten Energiequellen wurden auf verschiedenste Art und Weise variiert. Neben anderen organischen Verbindungen wurden eine große Zahl Aminosäuren,
verschiedene Zucker sowie Purin- und Pyrimidin-Derivate erzeugt. Wichtig sind die Experimente, die zur abiogenen Synthese von Porphyrinen, zentralen Bausteinen des
Chlorophylls und des Hämoglobins, führten. Alle diese Syntheseversuche waren nur unter
reduzierenden Bedingungen erfolgreich. In Gegenwart von Sauerstoff konnten nahezu
keine organischen Verbindungen synthetisiert werden.

Eine weitere Serie von Experimenten galt der abiogenen Synthese makromolekularer
Kohlenstoffverbindungen. Es war wichtig zu erfahren, ob Proteine und Nukleinsäuren
entstehen konnten. Die Polymerisation von Aminosäuren zu Peptidketten in wäßriger
Lösung entsprechend den Verhältnissen in den Urozeanen bereitet Schwierigkeiten. Es
ist aber anzunehmen, daß es in abgetrennten Becken unter dem Einfluß vulkanischer
Bodenhitze zur Konzentration und zum Eintrocknen von Lösungen organischer Substanzen gekommen ist. S. W. Fox erhitzte ein Gemisch trockener Aminosäuren mehrere Stunden lang auf 160 bis 200 °C. Er erhielt Polymere dieser Aminosäuren mit
Atomgewichten zwischen 3000 und 9000, die natürlichen Proteinen so ähnlich waren,
daß sie Protenoide genannt werden. Neben vielen Eigenschaften, in denen sie mit biogenen Eiweißen übereinstimmen, konnten an den Protenoiden enzymähnliche katalytische Eigenschaften festgestellt werden.

Größere Schwierigkeiten bereiten Versuche zur abiotischen Synthese von Nukleotiden.
Bislang ist es noch nicht gelungen, abiotische Polynukleotide zu erzeugen, die alle vier
Basen der biogenen DNS besitzen.

Heute wird angenommen, daß sich im Meer unter den Verhältnissen der sauerstofffreien
Uratmosphäre abiogen entstandene organische Stoffe in einer Konzentration von ca.
10 % angereichert hatten. In dieser „ U r s u p p e " dürfte es zur Entstehung von Mamakromolekül-Aggregaten gekommen sein, die gegenüber ihrem Milieu abgegrenzt
waren. A. I. Oparin vermutet, daß die ersten derartigen organisierten Gebilde auf
dem Weg zum Leben sogenannte K o a z e r v a t e gewesen seien. Koazervate sind
tröpfchenförmige Strukturen, die sich im Experiment herstellen lassen, wenn man
stark verdünnte Lösungen verschiedener Polymere miteinander vermischt. Diese Koazervat-Tröpfchen sind durch membranartige Abgrenzungen von der umgebenden
Flüssigkeit getrennt. Sie können selektiv bestimmte Stoffe aufnehmen. Koazervate
können auch wachsen und in gleichartige Teile zerfallen.

S. W. Fox erzeugte sogenannte Mikrosphären als individualisierte Gebilde aus abiogen entstandenen Protenoiden. Nach Abkühlung heißer Protenoidlösungen entstand
ein Niederschlag in Gestalt von kleinen Kügelchen mit einem Durchmesser von ca.
2 $\mu$m. Diese Protenoid-Mikrosphären besitzen eine Anzahl von Eigenschaften, die
ihnen den Charakter von Modellen für Protobionten verleihen. Unter bestimmten Be-

dingungen bilden sie eine Doppelmembran aus, die sich elektronenmikroskopisch nachweisen läßt. Diese Grenzmembran besitzt die Fähigkeit zu selektiver Permeabilität. Protenoide aus dem umgebenden Medium können aufgenommen werden. Unter geeigneten Bedingungen kommt es zur Vermehrung durch Sprossung, die Ähnlichkeit mit der Knospung von Hefezellen aufweist. – Interessant ist die extreme morphologische Ähnlichkeit der Mikrosphären mit gewissen kugelförmigen Mikrofossilien, die älter als eine Milliarde Jahre alt sind.

Zwischen koazervat- bzw. mikrosphärenähnlichen Gebilden und ausgeprägten Eobionten, die das Niveau echter Lebewesen erreicht haben, liegt ein weiter Weg. Einige wichtige Evolutionsschritte auf diesem Weg des Aufbaus komplexer Systemeinheiten seien hier genannt: Entwicklung eines basalen Enzymsystems, das einen effektiven Stoffwechsel gewährleistet; in diesem Zusammenhang ist die Eingliederung energetisch wichtiger Verbindungen wie ATP und ADP von Bedeutung, Kopplung der Proteinsynthese an Nukleinsäuren. Die hierdurch gewonnene Fähigkeit zur Selbstverdoppelung ermöglichte Vermehrungsvorgänge mit Konstanz und Gleichheit aufeinanderfolgender Generationen. Damit wurde in die Kette der Evolutionsprozesse ein wichtiges Element eingefügt, das als wesentliche Voraussetzung für die gesamte folgende biologische Evolution angesehen werden muß. Die Integration der Nukleinsäuren schuf auch die Grundlage für übergeordnete Steuerungs- und Koordinationsmechanismen.

Wie bereits erwähnt, dürften die genannten Evolutionsschritte zum Teil in enger Verbindung mit der Abgrenzung individualisierter Gebilde erfolgt sein. So ist es denkbar, daß sich Eiweiß-Nukleinsäure-Reaktionsnetze in der „Ursuppe" entwickelt haben, die sich dann erst zu einem Protobionten zusammenfügten und abgrenzten.

Die weitere Evolution des Lebens führte vermutlich von einfachsten unstrukturierten Eobionten zu echten Zellen. In dieser Phase, für die sehr lange Zeiträume anzunehmen sind, kam es zur räumlichen Strukturierung des Zellinneren, zur Ausbildung von Zellorganellen. Das Gefüge der verschiedenen, durch spezifische Enzymsysteme gesteuerten Stoffwechselleistungen konnte sich entwickeln. Viele Stoffwechselprozesse sind jeweils an bestimmte, räumlich voneinander getrennte Strukturen der Zelle gebunden. Als folgenschwerer Evolutionsschritt ist schließlich die Entwicklung des echten Zellkerns anzusehen. Erst die an den Kern gekoppelten Prozesse der Mitose und Meiose schufen die Grundlage für die Evolution der großen Vielfalt höherer Organismen. – Obwohl wir in den rezenten Prokaryonten Repräsentanten der ersten Stufe dieser letzten Phase der frühen Evolution der Organismen vor uns haben, beruhen unsere Vorstellungen über den Evolutionsweg zur Eukaryontenzelle auf Hypothesen, da Zwischenstufen nicht erhalten geblieben sind.

Die ersten Lebewesen, die ursprünglichen Eobionten, ernährten sich heterotroph. Ihnen standen die abiogen entstandenen organischen Substanzen der „Ursuppe" zur Verfügung. Bei der starken Vermehrung der Eobionten wurde der Vorrat dieser Substanzen aufgebraucht, da die abiogene Synthese nicht im gleichen Maße die verbrauchten Stoffe nachliefern konnte. Hochmolekulare Verbindungen wurden in den Eobionten festgelegt. Der Verbrauch vorhandener energiereicher Verbindungen machte die Erschließung neuer Energiequellen nötig. Der Weg zur autotrophen Ernährung wurde gefunden. Frühe Lebewesen entwickelten Mechanismen, die es ermöglichten, die Lichtenergie der Sonne zur Reduktion von Kohlenstoffverbindungen auszunutzen. In diesem Zusammenhang ist es interessant, daß sich synthetisch hergestellte Protenoide als lichtempfindlich erwiesen.

Für die Evolution photoautotropher Organismen aus rein heterotrophen Eobionten sind viele Zwischenstufen anzunehmen. Die rezenten anaeroben Purpurbakterien können als Modelle zweier solcher Zwischenformen dienen. Die photoheterotrophen schwefelfreien Purpurbakterien (Rhodospirillaceae ÷ Athiorhodaceae) gewinnen den Wasserstoff zur Synthese von Kohlehydraten durch Oxidation organischer Verbindungen mit Hilfe der Sonnenenergie. Die grünen Bakterien (Chlorobiaceae = Chlorobacteriaceae) und die roten Schwefelbakterien (Chromaticaceae = Thiorhodaceae) spalten den benötigten Wasserstoff von anorganischen Schwefelverbindungen (z.B. $H_2S$) ab.

Die Endstufe der Photoautotrophie ist schließlich in der charakteristischen Photosynthese erreicht, bei der der Wasserstoff aus dem Wasser stammt. Der bei diesem Prozeß frei werdende Sauerstoff führte im Laufe der dritten Jahrmilliarde vor unserer Zeit zu einer Veränderung der Erdatmosphäre. Nachdem der bei der Photosynthese entstehende Sauerstoff anfangs von den an der Erdoberfläche in großer Menge vorhandenen leicht oxidierbaren Stoffen gebunden wurde, kam es dann zu einer Anreicherung der Atmosphäre mit Sauerstoff : Aerob lebende Organismen entstanden. Anaerobe Organismen – wie z.B. die erwähnten Purpurbakterien – konnten nur in wenigen sauerstofffreien Refugien überleben. Obwohl mehr als 99 % des durch die Photosynthese erzeugten Sauerstoffs wieder durch die aerobe Atmung von Bakterien, Pflanzen und Tieren gebunden wird und von dem Rest wieder ein Großteil durch nichtorganismische oxidative Prozesse verbraucht wird, konnte im Laufe von ca. 1,5 bis 2 Milliarden Jahren der Sauerstoffanteil der Erdatmosphäre auf sein heutiges Niveau angereichert werden. Der durch die Photosynthese frei werdende Sauerstoff führte auch zur Ausbildung einer Ozonschicht in höheren Zonen der Atmosphäre. Dieser Ozon-Schutzschild schirmt die Erdoberfläche gegen intensive ultraviolette Sonnenstrahlung ab. Lebewesen mit ihren gegen den Einfluß kurzwelliger Strahlung empfindlichen Strukturen und Substanzen können seitdem auch flachere Gewässer besiedeln. Mit der ultravioletten Strahlung fällt auch die Hauptenergiequelle für die abiotische Synthese organischer Verbindungen weg.

Die Änderung der Zusammensetzung der Erdatmosphäre zeigt eine komplexe Umbruchphase in der Evolution des Lebens auf der Erde auf: Die primär heterotrophen Organismen werden durch autotrophe Formen abgelöst. Aerobe Organismen verdrängen anaerobe in sauerstofffreie Refugien. Mechanismen der aeroben Atmung (Atmungskette) werden entwickelt. Sie ermöglichen eine viel größere Produktion von ATP als anaerobe Gärungsprozesse. Während dieser Phase dürften auch die Chloroplasten und Mitochondrien entstanden sein. Diese Zellorganellen, an die bei eukaryotischen Organismen die Prozesse der ATP-Bildung gebunden sind, werden von verschiedenen Autoren auf einst frei lebende Prokaryonten zurückgeführt. Aerobe Bakterien bzw. Cyanophyceen sollen sich nach dieser Hypothese zu ständigen Endosymbionten entwikkelt haben. Die Tatsache, daß Mitochondrien und Chloroplasten Zellstrukturen sind,

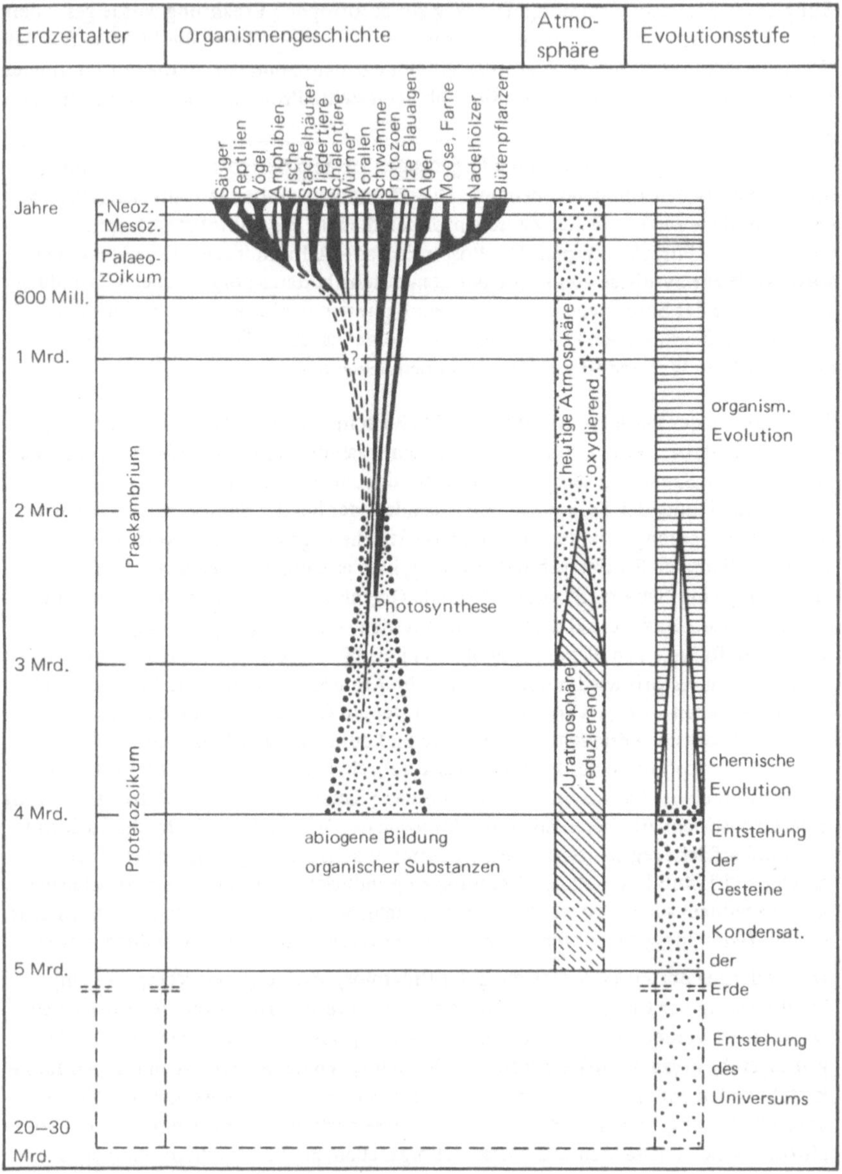

Fig. 31 Übersicht über die Entstehung und die Geschichte des Lebens auf der Erde (aus H. Rahmann [16])

die sich selbst vermehren und replikationsfähige DNS enthalten sowie Ribosomen, die denen der Prokaryonten sehr ähnlich sind, wird u.a. als Argument für diese Hypothese herangezogen.

Die heute lebenden aeroben heterotrophen Organismen können nicht direkt auf die anaeroben primären heterotrophen Urlebewesen zurückgeführt werden. Die tierischen Organismen dürften vielmehr von aerob autotrophen abzuleiten sein. Übergänge von pflanzlicher zu tierischer Lebensweise sind innerhalb geißeltragender Einzeller wiederholt vorgekommen. Es gibt eine Reihe farbloser, heterotropher Parallelformen zu gefärbten autotrophen Flagellaten, z.B.: *Euglena-Astasia*, *Chlamydomonas-Polytoma*, *Cryptomonas-Chilomonas*. Der Übergang von autotropher zu heterotropher Ernährungsweise läßt sich auch im Experiment nachvollziehen. Hält man chlorophyllhaltige Flagellaten (z.B. *Euglena*) für längere Zeit im Dunkeln, so verlieren sie ihre Chloroplasten und gehen zu heterotropher Ernährungsform über. Da die Chloroplasten nicht wiedererworben werden können, bleiben alle Abkömmlinge dieser Individuen heterotroph. Die gemeinsame Wurzel des Pflanzen- und des Tierreichs ist also mit größter Wahrscheinlichkeit innerhalb der Flagellaten zu finden (Fig. 31).

## 16.2 Die Stammesgeschichte der Pflanzen

Die Schizophyta, die Bakterien und die Blaualgen werden oft im System des Pflanzenreichs mit den Algen (Phycophyta) und den Pilzen (Mycophyta) zur Gruppe der Thallophyta zusammengefaßt und als „niedere Pflanzen" den Gruppen der höheren Pflanzen — Moose (Bryophyta), Farnpflanzen (Pteridophyta) und Samenpflanzen (Spermatophyta) gegenübergestellt. Im Gegensatz zu den Gruppen der höheren Pflanzen sind die Thallophyta jedoch keine einheitliche, phylogenetisch begründete Gruppe. Sie sind ausschließlich durch negative Merkmale, nämlich durch das Fehlen der für die Gruppen der höheren Pflanzen typischen Merkmale, charakterisiert. Die Bakterien und Blaualgen sind, wie wir bereits gesehen haben, als Prokaryonten allen übrigen rezenten Lebewesen, den Eukaryonten, gegenüberzustellen.

Auch die eukaryonten Thallophyten-Gruppen der Algen und Pilze sind keine monophyletischen Einheiten. Sie können zusammen nur als Stadiengruppe angesehen werden, in der alle niederen pflanzlichen Eukaryonten zusammengefaßt werden. Von den Algen wurden früher die Flagellaten als urtümliche Gruppe abgetrennt. Es herrscht weitgehend Übereinstimmung darüber, daß der Flagellatentypus als basale Organisationsform der rezenten Eukaryonten anzusehen ist. Der einheitliche Aufbau der Geißeln und andere gemeinsame Strukturen aller Flagellatenzellen lassen die Schlußfolgerung zu, daß alle Flagellaten auf einen begeißelten gemeinsamen Vorfahren zurückzuführen sind. Organismen vom Flagellatentyp gibt es jedoch in verschiedenen Algengruppen, deren nähere verwandtschaftliche Beziehungen miteinander in vielen Fällen noch ungeklärt sind. Die enge phylogenetische Verwandtschaft von Flagellaten mit Formen anderer Organisationsstufen der betreffenden Algenstämme ist jedoch gut begründet. Die Stämme der Algen sind u.a. durch ihre Farbstoffe, durch die Form der Chromatophoren und die Art ihrer Reservestoffe, aber auch durch den Typ der Begeißelung charakterisiert. Trotz einheitlicher Grundstruktur aller Geißeln gibt es doch eine große Variabilität hinsichtlich Feinbau, Insertion, Zahl, Länge und anderer Merkmale.

Im Stamm der Chlorophyceae finden wir Vertreter verschiedenster Organisationsstufen: neben Flagellaten gibt es in diesem Algenstamm verschiedene Typen unbegeißelter einzelliger Formen. Beim Übergang zur Vielzelligkeit haben die Grünalgen verschiedene Strukturen ausgebildet. Neben einfachen Zellfäden werden flächige Thalli entwickelt und schließlich gegliederte Formen, die äußere Ähnlichkeiten mit höheren Pflanzen haben. Die Armleuchteralgen (Charophyceae) — eine Gruppe hochentwickelter, vielzelliger Algen, die Vegetationskörper und komplizierte Geschlechtsorgane ausgebildet haben — sind, wie auch alle höheren Pflanzen, höchstwahrscheinlich von Grünalgen abzuleiten.

Der Übergang vom Einzellerniveau zur Vielzelligkeit ist in verschiedenen Algengruppen parallel erfolgt. So gibt es z.B. bei den Chrysophyceae neben einer Vielfalt einzelliger Formen auch fadenförmige vielzellige Arten. Nur als Vielzeller sind die Braunalgen (Phaeophyceae) bekannt. Interessant ist, daß innerhalb der Braunalgen — wie auch bei höheren Pflanzen — eine Gametophytenrückbildung erfolgt ist, die zu rein diploiden Organismen führt.

Die Rotalgen (Rhodophyceae) — vorwiegend vielzellige Algen mit komplizierten Entwicklungszyklen — zeigen in vielen Einzelheiten von Struktur und Funktion ihres Photosynthesemechanismus verblüffende Übereinstimmungen mit den prokaryonten Cyanophyceae, so daß verschiedene Autoren versuchten, diese isoliert stehende eukaryonte Algengruppe stammesgeschichtlich von den Blaualgen abzuleiten.

Die Pilze (Mycophyta) sind eine künstliche Sammelgruppe, in der Abkömmmlinge verschiedener Algenstämme zusammengefaßt werden, die zu heterotropher Lebensweise übergegangen sind. Wie die Gefäßpflanzen haben Pilze sich vom Wasser gelöst und sind zu Landpflanzen geworden.

Die Moose (Bryophyta) besitzen einen ausgeprägten Generationswechsel. Sie sind wesentlich höher organisiert als die höchstevoluierten Algen. Obwohl keine Zwischenstufen bekannt sind, ist es als sicher anzusehen, daß sie von hochentwickelten Grünalgen abstammen.

Fig. 32
*Rhynia*, eine der primitivsten Farnpflanzen des Karbon (aus E.-F. Vangerow [27])

Die Stammesgeschichte der großen und vielgestaltigen Gruppe der Farnpflanzen (Pteridophyta) ist recht gut und sicher erforscht, weil eine große Zahl gut erhaltener Fossilien verschiedenster Pteridophyten untersucht werden konnte. Als einer der primitivst gebauten Vertreter dieser Gruppe ist die mitteldevonische *Rhynia* anzusehen (Fig. 32). Das Vorhandensein von Spaltöffnungen zeigt, daß wir es schon mit einer echten Landpflanze zu tun haben. Von den primitiven Nacktfarnen (Psilophytinae), zu denen außer Rhynia eine Reihe weiterer Gattungen gehört, sind die Bärlappgewächse (Lycopodiinae) abzuleiten, die fossil in großer Formenvielfalt bekannt sind. Die karbonischen Siegel- (*Sigillaria*) und Schuppenbäume (*Lepidodendron*) gehören hierher. Das rezente Brachsenkraut (*Isoetes*) ist ebenfalls stammesgeschichtlich auf die Sigillariaceae zurückzuführen.

Auch die dritte Klasse der Pteridophyta, die Schachtelhalmgewächse (Equisetinae), hatte ihre Hauptblütezeit im Paläozoikum.

Die vierte Klasse wird von den eigentlichen Farnen (Filicinae) gebildet. Die Lycopodiinae, die Equisitinae und die Filicinae sind unabhängig voneinander aus den Psilophytinae hervorgegangen.

Die Samenpflanzen (Spermatophyta) werden von vielen Autoren als monophyletische Gruppe angesehen, die in primitiven Filicinen wurzeln. Als Ausgangsgruppe werden die Samenfarne (Lyginopteridopsida) angesehen. Von ihnen sind die Gymnospermen abzuleiten. Unter diesen sind die nur aus der Zeit vom Oberdevon bis zum Jura bekannten Pteridospermae als ursprünglichste bekannte Gruppe zu betrachten. Aus einer sehr alten Gymnospermengruppe sind auch die bedecktsamigen Blütenpflanzen (Angiospermae) abzuleiten, denn ein phylogenetischer Anschluß der Bedecktsamer an eine der bekannten höheren Gymnospermenklassen ist nicht möglich. Nach Ansicht einiger Autoren sind die Samenpflanzen polyphyletisch entstanden. Nur ein Teil der Gymnospermenklassen soll von den in primitiven Filicinen fußenden Pteridospermen abstammen. Für die Ginkyoales und die Coniferae dagegen wird eine Verwandtschaft mit den zu den Lycopodiinae gehörenden Cordaitaceae angenommen. Auch die Angiospermen sind nach dieser Ansicht eine künstliche Gruppe, die aus zwei in den beiden Gymnospermen-Gruppen wurzelnden Zweigen besteht. Fehlende Zwischenformen an der Basis der Angiospermen verhinderten bislang eine endgültige Klärung der Stammesgeschichte dieser artenreichsten, vielfältigsten und höchstentwickelten Pflanzengruppe.

## 16.3  Die Stammesgeschichte der Tiere

Unsere Vorstellungen über die stammesgeschichtliche Ableitung der Hauptstämme des Tierreichs sind auch heute noch besonders stark durch Unklarheiten und mehrere einander widersprechende Konzepte und Theorien belastet. Das liegt einerseits daran, daß die langen Evolutionswege bis zur Ausformung der uns heute bekannten Tierstämme — wie bereits erwähnt — in präkambrischen Zeiten durchschritten wurden. Fossilien und Zwischenstufen existieren kaum. Zum anderen wurden bei den Versuchen zur Rekonstruktion der Phylogenese die verschiedenen Merkmalsgruppen, Beweismittel und sonstigen Aspekte zur Verwandtschaftsermittlung jeweils unterschiedlich bewertet. Besondere Probleme bereitet u.a. die kritische Prüfung ontogenetischer Befunde auf ihre phylogenetische Relevanz (vgl. Abschn. 5.5). Bei manchen relativ einfach strukturierten Organismen gibt es heute noch Meinungsverschiedenheiten darüber, ob es sich um primitive Formen oder Produkte regressiver Evolution handelt. Schließlich wurde nicht von allen Autoren die gleiche Sorgfalt darauf verwendet zu prüfen, ob die postulierten Evolutionswege und evolutiven Zwischenstufen lückenlos durch das Zusammenwirken der Evolutionsfaktoren unter den jeweils anzunehmenden ökologischen Bedingungen erklärbar sind. Den unter ausgewogener Berücksichtigung der verschiedenen Gesichtspunkte und kritischer Homologienermittlung erarbeiteten modernen Vorstellungen zur Stammesgeschichte der Metazoen ist jedoch ein hoher Wahrscheinlichkeitsgrad zuzusprechen.

Die einzelligen heterotrophen Eukaryonten werden als P r o t o z o a zusammengefaßt. Die basale Gruppe der tierischen Flagellata ist polyphyletisch aus autotrophen Organismen entstanden (s. S. 124). Die übrigen Klassen der Protozoen sind von Flagellaten abzuleiten. Von E. Haeckel wurden die nackten Amoeben als die ursprünglichsten Tiere angesehen, da sie den von ihm postulierten Moneren, dem Urschleim, ähnlich zu sein schienen. Es ist heute als sicher anzusehen, daß die Rhizopoda polyphyletisch aus Flagellaten entstanden sind. Pseudopodien als Organellen zur Lokomotion und zur Nahrungsaufnahme gibt es schon bei Flagellaten, andererseits kommen bei Rhizopoden begeißelte Stadien vor. Ebenso wie die Rhizopoda, müssen die rein parasitischen Sporozoa als künstliche, polyphyletische Gruppe aufgefaßt werden. Die durch ihren Kerndualismus und den eigentümlichen Befruchtungsvorgang (Konjugation) charakterisierten Ciliata dürften zweifelsfrei monophyletisch entstanden sein. Die ebenfalls bewimperten Protociliata (= Opalinina) sind jedoch in die Nähe der Flagellata zu stellen, da ihre in Zwei- oder Vielzahl vorhandenen Kerne unter sich gleichwertig sind.

Während im Pflanzenreich die Organisationsform der Vielzelligkeit mehrfach entstanden ist, gibt es gute Argumente für die Annahme, daß die vielzelligen Tiere monophyletisch aus Einzellern hervorgingen. Einige Autoren nehmen allerdings an, daß die Porifera, die wegen ihrer eigentümlichen Organisation oft als Parazoa von den übrigen Metazoa, den Eumetazoa, abgesondert werden, unabhängig von letzteren aus Einzellern hervorgegangen seien.

Unterschiedlich sind die Ansichten über den Weg der E n t s t e h u n g  d e r  V i e l z e l l e r aus Einzellern. Weit verbreitet und gut begründet ist die Vorstellung, daß die Metazoen auf Protozoenkolonien zurückzuführen seien. H. von Ihering (1877) nahm jedoch an, daß die Vorfahren der Metazoen unter vielkernigen Protozoen zu suchen seien. Die Vielzelligkeit sei durch sekundäre Zerteilung des ursprünglich einheitlichen Plasmakörpers entstanden. In neuerer Zeit fand diese „S y n c y t i a l - T h e o r i e “ u.a. in J. Hadži, O. Steinböck, G. de Beer und E. D. Hanson Anhänger. Hadži (1963) nahm nur für die Porifera eine Entstehung aus Flagellatenkolonien an, die übrigen Metazoen führte er auf vielkernige Ciliaten-Vorfahren zurück, wobei acoele Turbellarien die basale Anschlußgruppe innerhalb der Metazoen sein sollten. Die Syncytien in den Acoela wurden als Zwischenstadien auf dem Wege der Zellularisation gedeutet. Der Konjugationsvorgang wurde mit der inneren Befruchtung der Plathelminthen homologisiert, die stationären Kerne wurden zu Eizellen, die Wanderkerne zu Spermien. Nach Hadzis Ansicht sind alle anderen Metazoen auf Acoela zurückzuführen. Die Vorfahren der Cnidarier sind unter Turbellarien rhabdocoelen Typs zu suchen. Die extreme Vereinfachung des Körperbaus, die Entstehung der zweischichtigen

Körperwand wird u.a. mit dem Übergang zu sessiler Lebensweise erklärt. Als Modell für die Ableitung tentakeltragender Polypen von Plattwürmern führt Hadži die Temnocephalida — tentakeltragende Turbellarien — an. Die Ctenophora sollen nach Hadži Abkömmlinge neotener Polycladenlarven sein.

Aschelminthengruppen zweigen sich sehr früh von Turbellarienvorfahren ab. Auch die Mollusken sind nach Hadži als Seitenzweig am Hauptstamm auf dem Weg zu den höheren Metazoen anzusehen. Bei letzteren wiederum sind Polymeria die ursprünglichere Gruppe. Die Oligomeria einschließlich der Chordaten leitet Hadži von Annelidenvorfahren ab (s. Fig. 33).

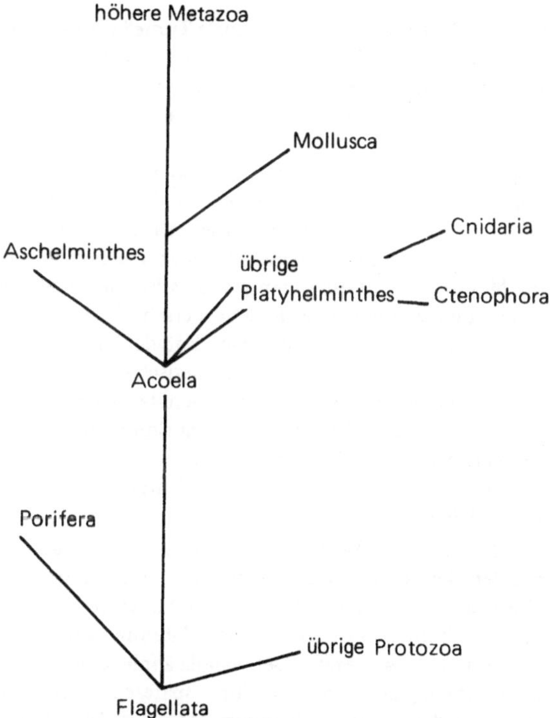


Fig. 33  Die Verwandtschaftsbeziehungen der Hauptstämme des Tierreichs nach den Vorstellungen von J. Hadži (aus R. B. Clark [2])

Steinböck, der zwar auch die höheren Metazoa auf Acoela zurückführt, sieht die Cnidarier als frühen Seitenzweig auf dem Weg von ciliatenähnlichen Metazoen-Vorfahren zu den Acoela an. Er vermeidet damit die Notwendigkeit, den einfachen Coelenteraten-Organismus durch extreme Rückbildung komplizierter gebauter Vorfahren erklären zu müssen.

Gegen die Syncytialtheorie sind schwerwiegende Einwände vorgebracht worden. Es wurde auf Strukturen der Turbellarien hingewiesen, die für ein hohes phylogenetisches

Niveau dieser Tiere sprechen. Die äußere Befruchtung, also das einfache Zusammentreffen der Geschlechtszellen im freien Wasser außerhalb des Körpers, muß mehrfach unabhängig aus der nach dieser Theorie ursprünglich inneren Befruchtung entstanden sein. Die ursprünglichsten Spermatozoenformen werden bei solchen Tieren mit äußerer Befruchtung angetroffen. Die flagellatenähnliche Grundstruktur der Spermien muß sekundär aus einem Ciliaten-Wanderkern entwickelt werden. Die wichtigste Grundlage wurde der Syncytialtheorie entzogen, als durch elektronenoptische Untersuchungen der zelluläre Aufbau bisher für syncytial gehaltener Strukturen der Acoela nachgewiesen wurde.

Auch die A m o e b o i d - T h e o r i e sieht acoele Turbellarien als die ursprünglichsten Metazoen an. Sie setzt an die Stelle des vielkernigen Ciliaten ein Aggregat amoebenähnlicher Einzeller. Auch die Vertreter dieses Konzepts nehmen für die Schwämme eine unabhängige Evolution aus Flagellaten-Kolonien an.

Die Zurückführung der Metazoen auf Einzellerkolonien wird heute von den meisten Phylogenetikern als gesichert angesehen. Koloniebildende Formen sind in vielen Flagellaten-Gruppen bekannt. Als Modell für die Metazoen-Ahnen werden meist hohlkugelförmige koloniale Flagellaten-Kolonien vom Typ des *Volvox* herangezogen. Natürlich ist der Vorfahr der Metazoen nicht unter den süßwasserbewohnenden und haploiden Volvocales zu suchen. Eine einschichtige Hohlkugel erscheint als hypothetischer Metazoen-Vorläufer geeignet, weil er einem frühen Entwicklungsstadium (Blastula) der Metazoenontogenese entspricht. Eine solche hypothetische Blastaea kann jedoch noch nicht als erstes Metazoon angesehen werden, denn bereits die einfachsten Metazoen bestehen aus zwei Schichten — dem Ektoderm und dem Entoderm. Die Ableitung zweischichtiger Organismen aus einer Hohlkugel mit einer einschichtigen Zellwand ist in Anlehnung an entsprechende Vorgänge während der Ontogenese (Gastrulation) auf verschiedenem Weg möglich.

E. I. Metschnikow (1877, 1886) geht in seiner P h a g o c y t e l l a - T h e o r i e davon aus, daß aus der Blastaea durch Einwanderung von Zellen in das Innere der Kugel ein zweischichtiger Organismus entstanden sei. Metschnikow nahm an, daß eine derartige Phagocytella mit ihren Oberflächenzellen Nahrung aufnahm und zur Verdauung an die inneren Zellmassen weitergab. Der planula-ähnliche Bau der Phagocytella führte zu ihrer Umbenennung in „Planuloid" durch spätere Anhänger dieser Vorstellung über die Entstehung der Metazoen. Man spricht jetzt meist von der  „ P l a n u - l a - T h e o r i e ". L. H. Hyman, die neben anderen Autoren dieses Konzept weiterentwickelt hatte (seit 1940), sah in einem Planuloid sowohl den Vorfahren der Cnidarier und Ctenophoren als auch der Bilateria mit primitiven Acoelen an der Basis.

Aus den Acoelen soll einerseits die Dipleurula oder — nach anderen Autoren — die Tornaria als Vorfahr der Deuterostomia und andererseits die Trochophora als Vorfahr der Mollusken, Artikulaten und verschiedener Schizocoelen-Gruppen entstanden sein (Fig. 34). Diesem Konzept wird entgegengehalten, daß schon für ursprüngliche benthische Metazoen pelagische Larvenstadien anzunehmen seien. Larvenstadien können jedoch nicht als Vorfahren der jeweiligen adulten Formen angesehen werden. Dieses wäre eine

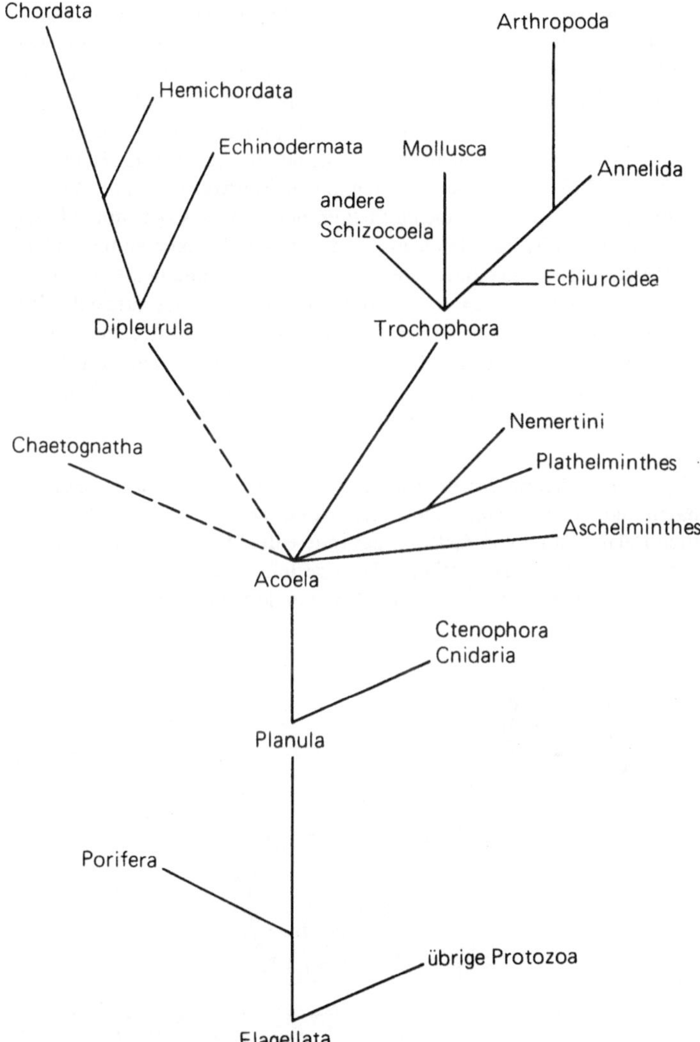


Fig. 34  Die Verwandtschaftsbeziehungen der Hauptstämme des Tierreichs nach den Vorstellungen von L. Hyman im Sinne der Planula-Theorie (aus R. B. Clark [2] verändert)

unzulässige Anwendung der biogenetischen Grundregel. Die ursprünglich von B. Hatschek (1878) formulierte T r o c h o p h o r a - T h e o r i e hat aber insofern auch heute noch ihre Bedeutung, als aus dem gemeinsamen Vorkommen dieses Larventyps bei verschiedenen Tiergruppen auf phylogenetische Zusammenhänge geschlossen werden kann.

Das in seinem Habitus einer Trochophora verblüffend ähnliche Rotator *Trochosphaera* gab Anlaß zur Deutung dieses Tieres als neotene Trochophora-Larve. Die Gattung *Trochosphaera* ist jedoch ein abgeleiteter und spezialisierter Vertreter der Rotatorien; die Trochophora-Ähnlichkeit beruht eindeutig auf Konvergenz. R. Siewing hält jedoch auf Grund verschiedener Übereinstimmungen zwischen Trochophora-Larven und Rotatorien eine Zurückführung der letzteren auf eine neotene Trochophora nicht für ausgeschlossen. In neueren, auf der Planula-Theorie fußenden Stammbaumkonstruktionen der Metazoenstämme werden die Coelenteraten, die Plathelminthen und die sogenannten Pseudocoelomaten (Nemathelminthes) als Seitenzweige des zu den Coelomaten führenden Hauptstammes angesehen. Die Coelomaten werden in Übereinstimmung mit den meisten neueren phylogenetischen Konzepten als monophyletische Gruppe aufgefaßt. Ihr werden hier nur die Stämme mit einem echten Coelom zugeordnet. – Abschließend ist zur Planula-Theorie zu bemerken, daß die Planula bzw. der Planuloid nicht von allen Autoren auf eine Flagellatenkolonie zurückgeführt wird. Die Entstehung der Planula aus einem vielkernigen Einzeller im Sinne der Syncytialtheorie wird auch in neueren Konzepten postuliert.

Während die Phagocytella-Theorie und die Planula-Theorie, soweit sie die Metazoen auf eine Flagellatenkolonie zurückführt, annehmen, daß das Entoderm durch Einwanderung oder durch Delamination von Zellen in das Innere der kugelförmigen Kolonie entsteht, geht die erstmals von E. Haeckel (1874) aufgestellte G a s t r a e a - T h e o r i e davon aus, daß das Entoderm durch Invagination entstehe. Durch Ein-

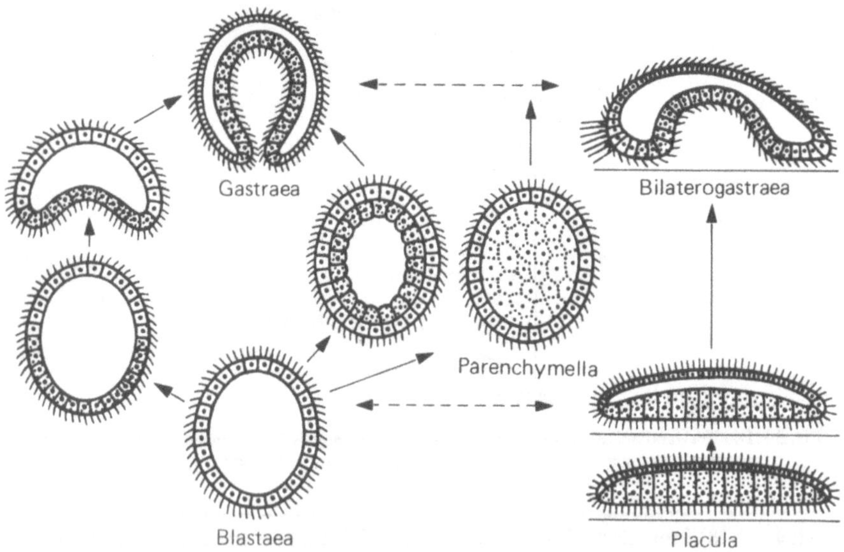


Fig. 35  Versuch von K. G. Grell, Beziehungen zwischen verschiedenen hypothetischen Metazoen-Stammformen aufzuzeigen. Links ist die Entstehung der Gastraea aus der Blastaea durch Invagination dargestellt (aus K. G. Grell [7])

stülpung des animalen Poles der frei schwimmenden, kugelförmigen Blastaea entsteht die zweischichtige (diploblastische) Gastraea. Die innere, den durch die Einstülpung entstandenen Hohlraum – den Urdarm – auskleidende Zellschicht ist das Entoderm. Ontogenetisch wird eine derartige Entstehung des Entoderms – die Bildung der Gastrula aus der Blastula durch Invagination – bei verschiedenen, vor allem primitiven Tiergruppen beobachtet. Obwohl andere Formen der Gastrulation im Tierreich häufiger vorkommen, gibt es doch gute Argumente anzunehmen, daß die Invagination der ursprüngliche Weg ist (Fig. 35).

Die Stämme Porifera, Cnidaria und Ctenophora sind trotz vieler organisatorischer Abwandlungen als diploblastische Organismen im Sinne der Gastraea-Theorie anzusehen. Vor allem einfache Cnidarier-Polypen stehen in ihrem Körperbau der hypothetischen Gastraea sehr nahe. Man kann sie als an ihrem aboralen Pol festgewachsene Gastraeen deuten.

O. Bütschli (1884) stimmte insofern mit Haeckel überein, als er die zweischichtige Gastraea als wichtige Organisationsstufe in der Phylogenese der Metazoa akzeptierte. Die hohlkugelförmige Blastaea schien ihm aber als Vorläufer der Gastraea nicht geeignet. Er hielt eine zweischichtige scheibenförmige Kolonie, die er Placula nannte, als Vorstufe der Gastraea für biologisch sinnvoller. Eine solche zweischichtige Placula konnte nach Bütschli durch Delamination aus einer einschichtigen plattenförmigen Kolonie hervorgehen. Durch Aufwölbung wurde die Placula zur zweischichtigen Gastrula. *Trichoplax adhaerens,* ein bewimperter mariner Organismus, der zu den Mesozoen gestellt wurde, soweit man ihn nicht für ein degeneriertes Larvenstadium anderer Tiere hielt, gab Bütschli die Anregung zur Veröffentlichung seiner P l a c u l a - T h e - o r i e. In neuerer Zeit (seit 1971) weist K. G. Grell auf die Übereinstimmung von *Trichoplax* mit der hypothetischen Placula hin. Er sieht dieses Tier als Repräsentanten eines zwischen Protozoen und Metazoen anzuordnenden Tierstammes Placozoa an. Die übrigen Mesozoa sind wahrscheinlich infolge ihres parasitischen Lebens degenerierte Abkömmlinge anderer Metazoen (Plathelminthes?). Von einigen Autoren werden sie Planuloidea genannt, womit die Vermutung ausgedrückt werden soll, daß es sich um Lebewesen auf dem Organisationsniveau des Planuloids im Sinne der Planula-Theorie handele.

Charakteristisches Merkmal höherer bilateraler Metazoa im Vergleich mit den zweischichtigen Coelenteraten ist das durch Coelomsäcke gebildete dritte Keimblatt (Mesoblast). Die Deutung der Phylogenese dieser Leibeshöhlentiere (Coelomata) bereitet Schwierigkeiten. Nach der G o n o c o e l t h e o r i e von A. Lang (1881) sind die Coelomsäcke auf erweiterte Gonadenhohlräume zurückzuführen. Ontogenetisch läßt sich diese Ansicht nicht stützen.

Die M e s e n c h y m t h e o r i e geht davon aus, daß das Coelom auf flüssigkeitsgefüllte Hohlräume in den Bindegewebsmassen zwischen Ekto- und Entoderm zurückgeht. In der Ontogenese vieler Tiere entsteht das mittlere Keimblatt als kompakter Mesodermstreifen, in dem sich dann die Coelomhöhlen herausbilden. Die Mesenchymtheorie setzt jedoch die Umwandlung von Bindegewebszellen in bewimperte Epithelzellen voraus.

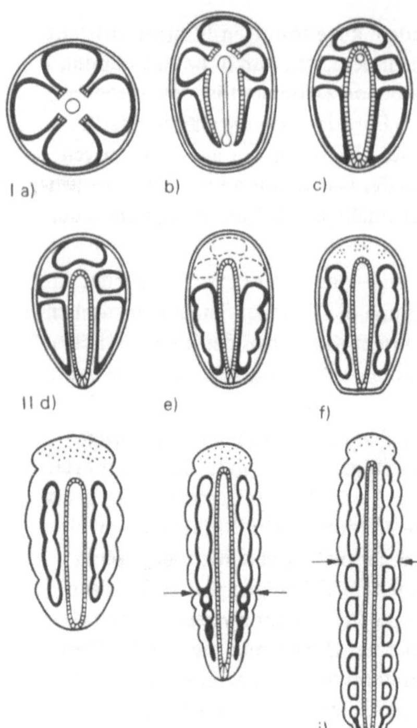

Fig. 36
I a)–c) Entstehung der Archimetameren durch
Abschnürung von Gastraltaschen eines vierstrah-
ligen Coelenteraten.
II d)–f) Rückbildung von Axocoel und Hydro-
coel und Bildung von Deutometameren aus
dem Somatocoel
III g)–i) Entstehung von Tritometameren durch
Sprossung am Hinterende (aus A. Remane [17])

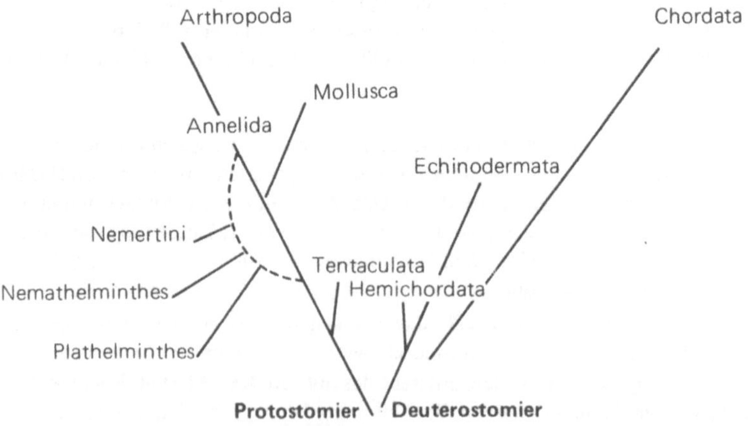


Fig. 37  Die stammesgeschichtlichen Beziehungen der Hauptstämme der Coelomaten nach den von
der Enterocoel-Theorie ausgehenden Vorstellungen A. Remanes (aus A. Remane [18])

Der von R. Leuckart (1848) begründeten und von R. und O. Hertwig (1881)
ausgearbeiteten E n t e r o c o e l t h e o r i e ist der größte Wahrscheinlichkeitsgrad
zuzusprechen. A. Remane zeigte, daß dieses Konzept gut durch ontogenetische Befunde gestützt wird und schlüssige Erklärungen für vermutete phylogenetische Zusammenhänge bietet. Nach der Enterocoeltheorie entstehen die Coelomsäcke durch Abschnürung von Darmaussackungen, von Gastraltaschen. Remane geht von einem Coelenteraten mit vier Gastraltaschen aus. Von diesem leitet er einen Coelomaten mit drei hinter-
einanderliegenden Coelomsäcken ab (Axocoel, Hydrocoel und Somatocoel). Die beiden hinteren sind paarig. Das hinterste Paar entsteht durch Teilung einer Gastraltasche
während der Abschnürung. — Nach diesem Konzept soll mit der Abschnürung der Gastraltaschen eine Streckung des Urmundes und seine Zerteilung in Mund und After
einhergegangen sein. Bilaterale Symmetrie und sekundäre Leibeshöhle sind hiernach
also stammesgeschichtlich gleichzeitig entstanden. An die Basis der Coelomaten und
Bilateria sind die trimeren (= oligomeren) Tiergruppen zu stellen (Fig. 36.I und Fig.
37).

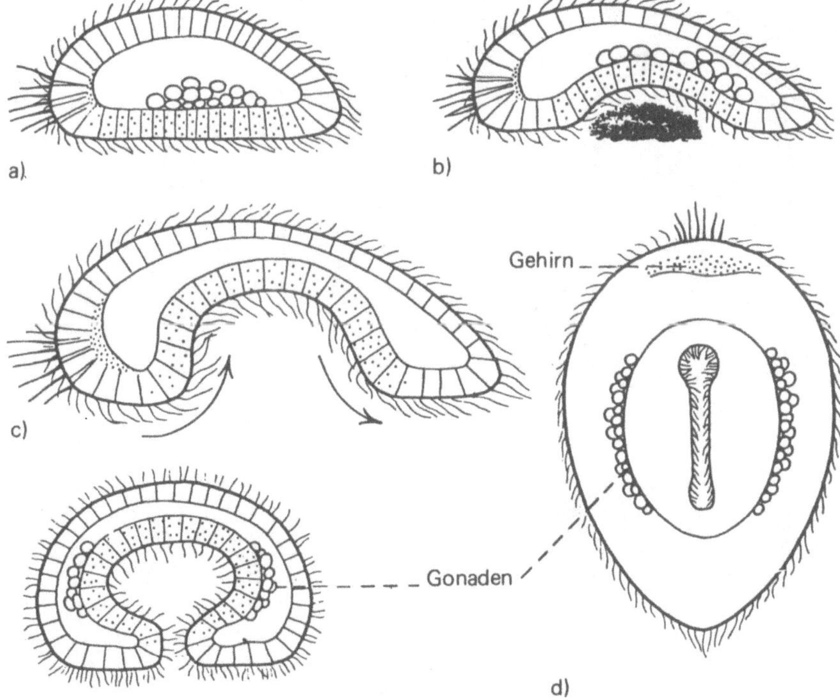


Fig. 38  a)—c) Entstehung der Bilaterogastraea aus der Bilateroblastaca im Sagittalschnitt dargestellt;
d) Bilaterogastaca in Ventralansicht und
e) im Querschnitt (aus G. Jägersten [10])

Auch nach Ansicht von G. Jägersten (1955, 1959) sind trimer gegliederte Organismen als die ältesten Coelomaten anzusehen. Die Ausbildung der bilateralen Symmetrie stellt er jedoch schon an die Basis aller Metazoen. Seine B i l a t e r o g a s t r a e a - T h e o r i e kann als weiterentwickelte Variante der Gastraea- und der Enterocoeltheorie angesehen werden. Jägersten vermutet, daß die ursprünglich pelagische, kugelförmige Blastaea zu benthischer Lebensweise übergegangen ist. Sie ist zur Bilateroblastaea geworden: Die rotierende Lokomotion wurde durch eine Fortbewegung mit Hilfe der Wimpern der Ventralseite, die abflachte, abgelöst; bilaterale Symmetrie, Vorder- und Hinterende wurden ausgebildet. Die Phagocytose wurde auf die Zellen der Ventralseite beschränkt. Eine Wölbung der Ventralseite über größere Nahrungspartikel zur Verbesserung der Verdauung führte zu einer permanenten Einstülpung, zur Ausbildung der „Bilaterogastraea". Als nächste Stufen werden von Jägersten eine Streckung und Verengung des Urmundes und die Ausbildung von drei Paar Gastraltaschen angenommen. Kleinere Nahrungspartikel werden am vorderen Ende des Mundschlitzes mit Hilfe der Bewimperung eingestrudelt, Exkremente am hinteren Ende entfernt (Fig. 38). Die Abschnürung der Gastraltaschen geschah nach Jägersten im Zusammenhang mit

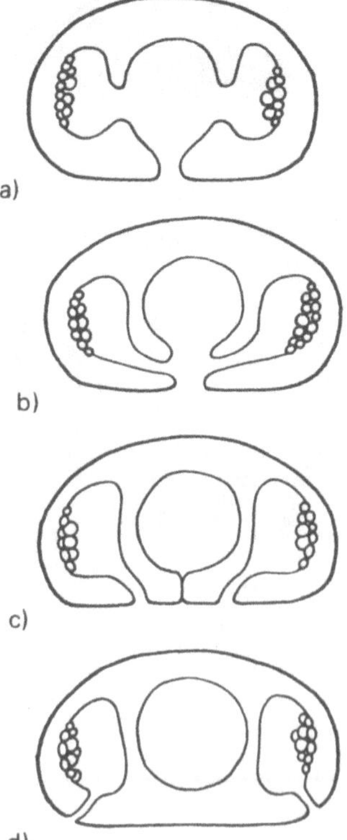



Fig. 39
Umwandlung von Gastraltaschen in Coelomsäcke;
a) Bilaterogastraea,
d) Protocoeloma,
b) und c) Zwischenstufen. Erläuterung im Text
(nach G. Jägersten [10])

der Verschmelzung der mittleren Region des Urmundschlitzes und damit der Ausbildung von Mund und After. Die Öffnungen der Gastraltaschen in den Darm verengten sich und wurden nach außen verlagert, sie wurden zu Coelomporen (Fig. 39). Die an den Wänden der Gastraltaschen — jetzt Coelomsäcke — liegenden Gonaden gaben ihre Geschlechtsprodukte folglich nicht mehr durch den Urmund sondern durch diese Coelomporen nach außen ab. Aus der Bilaterogastraea ist das „Protocoeloma" mit drei Paar Coelomsäcken geworden. — Cnidarier und Ctenophoren leitet Jägersten von Bilaterogastraeen ab, die bereits Gastraltaschen ausgebildet hatten. In einem Fall sind sie zu sedentären Polypen geworden, im anderen zu pelagischer Lebensweise übergegangen. Dieses Konzept gibt eine phylogenetische Erklärung für die jetzt allgemein akzeptierte Anschauung, daß bilaterale Polypen mit Gastraltaschen an die Basis der Cnidarier zu stellen sind, die Anthozoen also als ursprünglichste rezente Vertreter dieses Stammes anzusehen sind. Die Einteilung der Metazoen in Radiata und Bilateria wird damit hinfällig.

Jägersten (1959) wies darauf hin, daß *Xenoturbella*, ein einfach organisierter, 2 bis 3 cm langer Wurm, der wegen rein äußerlicher Ähnlichkeit bisweilen zu den Plathelminthen gestellt wurde, als ein lebender Repräsentant der Organisationsstufe Bilaterogastraea gedeutet werden könnte. R. Siewing schließlich hält es für möglich, die Placozoa, also *Trichoplax*, als Bilateroblastaea-Abkömmlinge in das Bilaterogastraea-Konzept einzufügen (Siewing spricht von Bentho-Blastaea bzw. Bentho-Gastraea).


W. Ulrich (1951) hat aus der Erkenntnis heraus, daß ihnen eine basale Position innerhalb der Coelomaten zukommt, die trimeren Tiergruppen in Anlehnung an Masterman (1898) als A r c h i c o e l o m a t a zusammengefaßt. Da zu den Archicoelomaten neben Deuterostomiergruppen (Pterobranchia, Enteropneusta, Echinodermata) auch Protostomier (Tentaculata) gehören, widerspricht diese Zusammenfassung der von C. Grobben (1908) eingeführten, auch heute noch gebräuchlichen Einteilung der Coelomaten in Protostomia und Deuterostomia. Das unterschiedliche Schicksal des Blastoporus in der Ontogenese schien eine scharfe Grenze zwischen beiden Gruppen zu schaffen. Ausgehend von den Tatbeständen, daß in der Ontogenese verschiedener Tiere — entsprechend den vorausgesetzten phylogenetischen Konzepten — aus dem Blastoporus sowohl Mund als auch After hervorgeht und daß es innerhalb von Protostomiergruppen Formen gibt, die sich ontogenetisch wie Deuterostomier verhalten (z.B. die Schnecke *Viviparus*), konnten — vor allem durch R. Siewing — Belege dafür zusammengetragen werden, daß dem Gegensatz Protostomia—Deuterostomia keine fundamentale Bedeutung zukommt. Andererseits wurde weiteres Material zur Absicherung des Archicoelomaten-Konzepts erarbeitet. Aus der Schicht der Archicoelomaten ist auf der einen Seite die Evolutionslinie der Spiralia und auf der anderen Seite der Stamm der Chordata hervorgegangen. Die vorderen Coelomsackpaare zeigen z.T. bereits innerhalb der Archicoelomaten Neigung zur Rückbildung. So enthält bei den Tentaculaten der vordere Körperabschnitt meist keinen Coelomraum mehr. In der Gruppe der S p i r a l i a können die Sipunculida als primitiv angesehen werden, weil sie Merkmale aufweisen, die an Tentaculaten erinnern. Ihr Tentakelcoelom kann als Mesocoel gedeutet werden. Sonst sind bei den Spiraliern, die durch ihren

besonderen Eifurchungstyp charakterisiert sind, die beiden vorderen Coelomsackpaare
verlorengegangen. Das Somatocoel (Metacoel) bzw. das ihm entsprechende Mesoderm
entsteht ontogenetisch nicht durch Abschnürung vom Urdarm, sondern entstammt der
Furchungszelle 4 d. Die ursprüngliche Segmentierung, die A r c h i m e r i e , wird
durch eine homonome Segmentierung ersetzt, die auf einer Zerteilung des dem Metacoel entsprechenden Mesodermstreifens beruht. Eine solche D e u t o m e t a m e r i e
ist bei Mollusken festzustellen. Auch die Larvalsegmente der Anneliden sind als Deutometameren zu deuten. Bei den Articulaten treten zu den deutometameren Segmenten,
die nacheinander aus einer vor dem After liegenden Sprossungszone entstehen, die
T r i t o m e t a m e r e n (s. Fig. 36 II u. III). Deutometameren und Tritometameren
sind oft gleich gestaltet und in ihrer ursprünglichen Form mit je einem Coelomsack-
paar versehen. Die Arthropoda, der weitaus artenreichste aller Tierstämme, sind ohne
Zweifel von Anneliden abzuleiten. Sie stellen jedoch einen völlig neuen Organisationstyp dar. Das Coelom ist weitgehend verschwunden, die Leibeshöhle völlig umgestaltet.
Der Komplex der Arthropodencharaktere hat sich nacheinander herausgebildet. Die
Onychophoren sind als ein Seitenzweig auf dem Weg zur Arthropodenwerdung anzusehen, bei dem ein Teil der Arthropodenmerkmale bereits herausgebildet ist.

Die sogenannten Scolecida (Plathelminthen, Nemertinen, Nemathelminthen und einige kleinere Gruppen), die wegen des Fehlens eines Coeloms auch Acoelomata und
Pseudocoelomata genannt werden, sind im Sinne der Archicoelomatentheorie als Seitenzweige der Spiralierlinie anzusehen, die ihr Coelom weitgehend oder völlig rückgebildet haben. Der Raum zwischen Darm und Körperwand ist bei ihnen entweder durch
Mesenchym und Muskeln ausgefüllt oder es ist eine Leibeshöhle vorhanden, der jedoch
die typische Coelomwandung fehlt. Zur Erklärung der Evolution dieser Tiergruppen
werden von den Anhängern des Archicoelomaten-Konzepts extreme Reduktions- und
Umbildungsvorgänge angenommen. Wenn es auch auf den ersten Blick abwegig erscheinen mag, etwa die Plathelminthen von echten Coelomaten abzuleiten, so gibt es doch
eine Reihe von Beispielen im Tierreich, die zeigen, daß die postulierten regressiven Um-
formungen durchaus möglich sind. Innerhalb der Anneliden haben die Hirudineen Coelom und Blutgefäßsystem rückgebildet und einen plathelminthenähnlichen Organisationstyp herausgebildet. Auch eine Rückbildung von Enddarm und After hat bei Vertretern verschiedener Tiergruppen stattgefunden. Als Beispiel sei das Rotator *Asplanch-
na* genannt.

Wenn hier alle Protostomiergruppen oberhalb der Tentaculaten als Spiralia zusammengefaßt werden, so wird von der weitgehend gut begründeten Annahme ausgegangen,
daß die Gruppen, bei denen dieser Furchungsmodus nicht oder nur andeutungsweise
auftritt, gesicherte phylogenetische Beziehungen zu Formen mit eindeutiger Spiral-
furchung besitzen.

Als zweite bedeutende Stammeslinie sind die C h o r d a t a aus den Archicoelomata
hervorgegangen. Während die Vorfahren der Spiralia innerhalb der Archicoelomata
in der Nähe der protostomen Tentaculata zu suchen sind, wird für den Chordaten-
stamm eine Abzweigung von den deuterostomen Hemichordata angenommen. Aber
auch bereits von T. Gislen (1930) vermutete Beziehungen der Chordaten zu kam-
brischen Echinodermen (Carpoidea) werden wieder diskutiert. Bei ursprünglichen

Chordaten sind noch deutliche Hinweise auf eine Archimerie vorhanden. Die Segmentierung der Chordaten geht auf Metamerie des Metasomacoeloms zurück. In den Vertebraten haben die Chordaten die höchste Organisationsstufe im Tierreich erreicht. Unabhängig hiervon sind die Mollusken mit den Cephalopoden und die Articulaten mit den Insekten auf ein entsprechend hohes Organisationsniveau gelangt.

Einige Tierstämme stellen den Phylogenetiker vor schwierige Situationen. Hierzu gehören die gut untersuchten C h a e t o g n a t h e n. In der Ontogenese erweisen sie sich als Deuterostomier. Ihr Mesoderm entsteht durch Enterocoelie. Ihre Leibeshöhle ist in drei hintereinander liegende Hohlräume untergliedert, jedoch erschwert die Lage dieser Körperhöhlen (Kopf-, Rumpf- und Schwanzcoelom) eine Homologisierung mit den Coelomräumen anderer Archicoelomaten. Sonstige Körperstrukturen geben auch keine Hinweise auf engere Beziehungen zu anderen Tierstämmen.

Der Versuch, die erst in diesem Jahrhundert entdeckte darmlose marine Tiergruppe der P o g o n o p h o r a (Brachiata) phylogenetisch einzuordnen, führte zu Verwirrungen und Meinungsverschiedenheiten. Einige Autoren sehen diese Tiere als deuterostome Archicoelomaten, andere als Annelidenverwandte an. Die drei vorderen Körperabschnitte zeigen eine archimere Coelomgliederung. Das Hinterende ist metamer gekammert. Diese Segmentierung und das Vorhandensein von Borsten scheinen auf Beziehungen zu Anneliden hinzuweisen. R. Siewing trug Argumente für eine dritte Alternative zusammen, die den Widerspruch zu lösen scheint. Nach seiner Ansicht sind die Pogonophoren neben den Spiraliern und den Chordaten als dritte aus dem Bereich der Archicoelomata hervorgegangene Evolutionslinie anzusehen.

Der Tatbestand, daß sowohl die Articulata als auch die Vertebrata eine metamere Segmentierung besitzen, führten schon früh zu Versuchen, die letzteren von ersteren abzuleiten. Schon 1875 versuchte A. Dohrn, einen „genealogischen Zusammenhang der Anneliden und Wirbeltiere" festzustellen. Auch in neuerer Zeit sind die Möglichkeiten derartiger Beziehungen diskutiert worden. Höchstwahrscheinlich beruhen die aufgezeigten Ähnlichkeiten auf Konvergenzen, soweit es sich nicht um alte, allgemeine Coelomatenmerkmale handelt. Darüber hinaus wird von einigen Autoren (W. F. Gutmann u. a.) die Ansicht vertreten, daß metamer segmentierte Coelomaten als ursprünglich anzusehen seien und die oligomeren Formen mehrfach unabhängig aus diesen hervorgegangen seien.

**Bildquellenverzeichnis**

[1]  A n d e r s, F.: Tumor Formation in Platyfish-Swordtail Hybrids as a Problem of Gene Regulation. Experientia 23 (1962) H. 1

[2]  C l a r k , R. B.: Dynamics in Metazoan Evolution. Oxford 1964

[3]  D o b z h a n s k y , T.: Die Entwicklung zum Menschen. Hamburg-Berlin 1958

[4]  D z w i l l o , M.: Speziation als Problem der Genetik. Zool. Anz. 181 (1968) H. H. 1/2

[5]  E i b l - E i b e s f e l d t , I.: Galapagos. München 1960

[6]  G r a s s e , P. - P.: Evolution. Stuttgart 1973

[7]  G r e l l , K. G.: Vom Einzeller zum Vielzeller, Hundert Jahre Gastraea-Theorie Biol. i. uns. Zeit 4 (1974) Nr. 3

[8]  H a d o r n , E.; W e h n e r, R.: Allgemeine Zoologie. 18. Aufl. 19

[9]  H e r t w i g , P.: Anpassung, Vererbung und Evolution. Ber. d. Verh. Sächs. Akad. Wiss. Leipzig, Math.-nat. Kl. 103 (1959) H. 7

[10]  J ä g e r s t e n , G.: On the Early Phylogeny of the Metazoa. Zool. Bidrag, Uppsala 30 (1955)

[11]  K r a u s , O.: Isolationsmechanismen und Genitalstrukturen bei wirbellosen Tieren. Zool. Anz. 181 (1968) H. 1/2

[12]  L ü b b e r t , H.; E h r e n b a u m, E. (Hrsg.): Handbuch der Seefischerei Nordeuropas. Stuttgart 1936

[13]  N i e t h a m m e r , G. (Hrsg.): Handbuch der Deutschen Vogelkunde, Band I Passeres. Leipzig 1937

[14]  O s c h e , G.: Grundzüge der allgemeinen Phylogenetik. In: Handbuch der Biologie Band III/2. Wiesbaden 1966

[15]  P e t e r s , N.; P e t e r s , G.: Genetic Problems in the Regressive Evolution of Cavernicolous Fish. In: Genetics and Mutagenesis of Fish. Berlin-Heidelberg-New York 1973

[16]  R a h m a n n , H.: Die Entstehung des Lebendigen. Stuttgart 1972

[17]  R e m a n e , A.: Die Entstehung der Metamerie der Wirbellosen. In: Verhandlungen der Deutschen Zoologen 1949. Leipzig 1950

[18]  R e m a n e , A.: Die Geschichte der Tiere. In: Die Evolution der Organismen. Stuttgart 1959

[19]  R o b e r t , P. - A.: Die Libellen. Bern 1959

[20]  R o s s , H. H.: A Synthesis of Evolutionary Theory. Englewood Cliffs, NJ 1962

[21]  R o s s , H. H.: Biological Systematics. Reading, MA — Menlo Park, CA — London — Don Mills, Ont. 1974

[22]  S c h l i e m a n n , H.: Die Haftorgane von Thyroptera und Myzopoda (Michrochiroptera, Mammalia) — Gedanken zu ihrer Entstehung als Parallelbildungen. Z. f. Zool. Syst. u. Evol. 9 (1971) H. 1

[23]  S c h r e m m e r , F.: Morphologische Anpassung von Tieren — insbesondere Insekten — an die Gewinnung von Blumennahrung. In: Verhandlungen der Deutschen Zoologischen Gesellschaft 1961. Leipzig 1962

[24]  S c h u l t z , L. P.: The Ways of Fishes. Toronto-New York-London 1948

[25]  T h e n i u s , E.: Versteinerte Urkunden. Berlin-Heidelberg-New York 1972

[26]  T s c h u l o k , S.: Deszendenzlehre. Jena 1922

[27]  V a n g e r o w , E. - F.: Grundriß der Paläontologie. Stuttgart 1973

[28]  W i c k l e r , W.: Das Züchten von Aquarienfischen. Stuttgart 1965

[29]  W i l s o n , E. O.; B o s s e r t , W. H.: Einführung in die Populationsbiologie. Berlin-Heidelberg-New York 1973

[30]  Z a n d e r , C. D.: Beziehungen zwischen Körperbau und Lebensweise bei Blenniidae (Pisces) aus dem Roten Meer. I. Äußere Morphologie. Marine Biology 13 (1972) No 3

# Literaturhinweise

Unter **A** wird eine Auswahl weiterführender Werke zur Vertiefung des Studiums der Phylogenetik aufgeführt. Außerdem enthält diese Liste einführende Schriften zu Teilgebieten, die in dem vorliegenden Studienbuch nicht oder nur sehr kurz behandelt werden konnten.

Unter **B** wird eine Übersicht über Schriften gegeben, die in das Gebiet der Taxonomie einführen.

Quellenangaben und Hinweise auf Originalarbeiten in wissenschaftlichen Zeitschriften können hier nicht gegeben werden. Man findet sie in den Literaturverzeichnissen der aufgeführten Bücher.

**A.**

C a i n , A. J.: Die Tierarten und ihre Entwicklung. Jena 1959

Č í ž e k , F., H o d á ň o v á , D.: Evolution als Selbstregulation. Jena 1971

D i e h l , M.: Abstammungslehre. Eine Einführung in die Methoden und Ergebnisse der Phylogenetik und ihre Behandlung im Unterricht. Biol. Arbeitsbücher 17. Heidelberg 1976

D o b z h a n s k y , T h.: Genetics and the Origin of Species. 3rd Ed. New York 1951

G r a n t , V.: The Origin of Adaptations. New York 1963

H e b e r e r , G. (Hrsg.): Die Evolution der Organismen: Ergebnisse und Probleme der Abstammungslehre. 3. erw. Aufl. 3 Bde. – Stuttgart 1967–1974

M a y r , E.: Artbegriff und Evolution. Hamburg–Berlin 1967

O h n o , S. Evolution by Gene Duplication. Berlin–Heidelberg–New York 1970

O s c h e , G.: Grundzüge der allgemeinen Phylogenetik. In: Handbuch der Biologie III/2. Frankfurt/M. 1966

R e m a n e , A.: Die Grundlagen des natürlichen Systems, der vergleichenden Anatomie und der Phylogenetik. Leipzig 1956

R e n s c h , B.: Neuere Probleme der Abstammungslehre: Die transspezifische Evolution. 3. Aufl. Stuttgart 1972

S e w e r t z o f f , A. N.: Morphologische Gesetzmäßigkeiten der Evolution. Jena 1931

S i m p s o n , G. G.: Zeitmaße und Ablaufformen der Evolution. Göttingen 1951

S t e i t z , E.: Die Evolution des Menschen. Arbeitsbücher d. Biol., Taschentext 16. Weinheim/Bergstr. 1974

T i m o f e e f f - R e s s o v s k y , N. V.; V o r o n c o v , N. N. ; J a b l o k o v , A. N.: Kurzer Grundriß der Evolutionstheorie. Jena 1975

v. W a h l e r t , G.: Latimeria und die Geschichte der Wirbeltiere. Stuttgart 1968

W a l l a c e , B.: Die genetische Bürde: Ihre biologische und theoretische Bedeutung. Stuttgart 1974

W i l s o n , E. O.; B o s s e r t , W. H.: Einführung in die Populationsbiologie. Berlin–Heidelberg–New York 1973

**B.**

C r o w s o n, R. A.: Classification and Biology. London 1970

H e n n i g , W.: Phylogenetic Systematics. Urbana–Chicago–London  1966

H e y w o o d , V. H.: Taxonomie der Pflanzen. Stuttgart 1971

J e f f r e y , C.: Biological Nomenclature. London 1973

L e u s c h n e r, D.: Einführung in die numerische Taxonomie. Jena 1974

M a y r , E.: Grundlagen der zoologischen Systematik: Theoretische und praktische
Voraussetzungen für Arbeiten auf systematischem Gebiet. Hamburg–Berlin 1975

R o s s , H. H.: Biological Systematics. Reading/Mass. – Menlo Park/Calif.– London
1974

S c h l e e , D.: Die Rekonstruktion der Phylogenese mit Hennigs Prinzip. Frankfurt/M.
1971

S i b l e y , C. G. (Ed.): Systematic Biology. Washington 1969

S i m p s o n , G. G.: Principles of Animal Taxonomy. New York 1961

S n e a t h , P. H. A.; S o k a l , R. R.: Numerical Taxonomy: The Principles and
Practice of Numerical Classification. San Francisco 1973

# Namen- und Sachverzeichnis

# Teubner Studienbücher Fortsetzung

## Mechanik

Becker: **Technische Strömungslehre**
Eine Einführung in die Grundlagen und technischen Anwendungen
der Strömungsmechanik. 4. Aufl. 152 Seiten. DM 16,80

Becker/Bürger: **Kontinuumsmechanik**
Eine Einführung in die Grundlagen und einfache Anwendungen
228 Seiten. DM 29,– (LAMM)

Becker/Piltz: **Übungen zur Technischen Strömungslehre**
120 Seiten. DM 12,80

Hahn: **Bruchmechanik**
Einführung in die theoretischen Grundlagen. 221 Seiten. DM 34,– (LAMM)

Magnus: **Schwingungen**
Eine Einführung in die theoretische Behandlung von Schwingungs-
problemen. 3. Aufl. 251 Seiten. DM 24,80 (LAMM)

Magnus/Müller: **Grundlagen der Technischen Mechanik**
300 Seiten. DM 26,80 (LAMM)

Müller/Magnus: **Übungen zur Technischen Mechanik**
292 Seiten. DM 26,80 (LAMM)

Wieghardt: **Theoretische Strömungslehre**
Eine Einführung. 2. Aufl. 237 Seiten. DM 26,80 (LAMM)

## Geographie

Bahrenberg/Giese: **Statistische Methoden und ihre Anwendung in der Geographie**
308 Seiten. DM 29,80

Born: **Geographie der ländlichen Siedlungen**
Band 1: Die Genese der Siedlungsformen in Mitteleuropa
228 Seiten. DM 26,80

Herrmann: **Einführung in die Hydrologie**
151 Seiten. DM 22,80

Müller: **Tiergeographie**
Struktur, Funktion, Geschichte und Indikatorbedeutung von Arealen
268 Seiten. DM 28,80

Semmel: **Grundzüge der Bodengeographie**
120 Seiten. DM 24,80

Weischet: **Einführung in die Allgemeine Klimatologie**
Physikalische und meteorologische Grundlagen
256 Seiten. DM 28,–

Windhorst: **Geographie der Wald- und Forstwirtschaft**
204 Seiten. DM 28,80

Preisänderungen vorbehalten